JIEKAI SHENGMING AOMI

揭开生命奥秘

本书编写组◎编

U0772856

世界图书出版公司
广州·北京·上海·西安

图书在版编目（CIP）数据

揭开生命奥秘/《揭开生命奥秘》编写组编．—广
州：广东世界图书出版公司，2010.7 （2024.2重印）
ISBN 978 - 7 - 5100 - 2506 - 8

Ⅰ．①揭… Ⅱ．①揭… Ⅲ．①生命科学 - 普及读物
Ⅳ．①Q1 - 0

中国版本图书馆 CIP 数据核字（2010）第 147822 号

书　　名	揭开生命奥秘
	JIEKAI SHENGMING AOMI
编　　者	《揭开生命奥秘》编写组
责任编辑	左先文
装帧设计	三棵树设计工作组
出版发行	世界图书出版有限公司　世界图书出版广东有限公司
地　　址	广州市海珠区新港西路大江冲 25 号
邮　　编	510300
电　　话	020-84452179
网　　址	http://www.gdst.com.cn
邮　　箱	wpc_gdst@163.com
经　　销	新华书店
印　　刷	唐山富达印务有限公司
开　　本	787mm×1092mm　1/16
印　　张	10
字　　数	120 千字
版　　次	2010 年 7 月第 1 版　2024 年 2 月第 12 次印刷
国际书号	ISBN　978-7-5100-2506-8
定　　价	48.00 元

前　言
PREFACE

生命中有着诸多人类希望破解的谜团，单是生命是如何诞生的就让人类苦苦探索了许多年：有生命的神造论，生命起源的自然发生论，生命起源的海洋论，还有生命起源的热泉生态系统论等，时至今日，人类也没能做出无可辩驳的科学回答。讨论和争论依旧在进行，探索也在不断向前。

虽然离破解事情真相还有一段距离，但人类的不懈探索还是获得了一定的回报，在一些生命奥秘问题的探寻中找到了答案。如今，我们已经知道了植物、动物的进化是遵循怎样的一个历程进行的；生命在繁衍过程中，遗传和变异起了什么样的作用；微观生命世界是一个什么样的世界，微生物在生物界中有着怎样的地位；克隆技术将给这个世界带来什么样的变化，克隆人技术的成熟是否会扰乱这个平衡和谐的世界；基因工程从微观上改变了生物世界，进而改变了人类的"命运"。

生命奥秘无限丰富，人类的探索也在不断向前，生命之谜一个接一个地被人类破解出来，许多对生命的错误认识不断被更新，许多新观点、新理念被树立起来，人类对生命奥秘的探索活动走上了一个崭新的发展阶段。

循着人类对生命奥秘探索活动的足迹，我们精心编撰了这本《揭开生命奥秘》科普图书。本书立足科学事实，以科学详尽的文字资料为基石，以丰富的图片为强有力的辅助，图文并茂，相得益彰，邀您一起去进行一次有意义的生命探索之旅。

目录 Contents

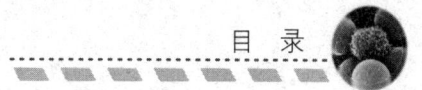

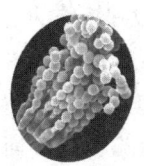

生命诞生溯源
SHENGMING DANSHENG SUYUAN

最初的生命诞生于何时何地，追本溯源，是来自无所不能的神，是无生命的自然物质自然发生的，抑或是来自地外星球，还是来自于热泉生态系统？多少年来，人们苦苦思索，讨论来讨论去，彼此争论得面红耳赤，时至今日，这个问题依旧没有一个确切的答案，讨论仍在继续，争论依旧激烈。问题之所以没有得到有效解决，关键在于争论各方谁也不能提供无可辩驳的证据来证明己方的观点正确，看来，这一问题的解决还需假以时日，还需找到更为确切的证据。

地球起源学说

关于地球的起源问题，已有相当长的探讨历史了。在古代，人们就曾探讨了包括地球在内的天地万物的形成问题，在此期间，逐渐形成了关于天地万物起源的"创世说"。其中流传最广的要算是《圣经》中的创世说。在人类历史上，创世说曾在相当长的一段时期内占据了统治地位。

自1543年波兰天文学家哥白尼提出了日心说以后，天体演化的讨论突破了宗教神学的桎梏，开始了对地球和太阳系起源问题的真正科学探讨。1644年，笛卡儿在他的《哲学原理》一书中提出了第一个太阳系起源的学说，他

波兰天文学家哥白尼

认为太阳、行星和卫星是在宇宙物质涡流式的运动中形成的大小不同的漩涡里形成的。一个世纪之后，布封于1745年在《一般和特殊的自然史》中提出第二个学说，认为：一个巨量的物体，假定是彗星，曾与太阳碰撞，使太阳的物质分裂为碎块而飞散到太空中，形成了地球和行星。事实上由于彗星的质量一般都很小，不可能从太阳上撞出足以形成地球和行星的大量物质的。在布封之后的200年间，人们又提出了许多学说，这些学说基本倾向于笛卡尔的"一元论"，即太阳和行星由同一原始气体云凝缩而成；也有"二元论"观点，即认为行星物

质是从太阳中分离出来的。1755年，著名德国古典哲学创始人康德提出"星云假说"。1796年，法国著名数学家和天文学家拉普拉斯在他的《宇宙体系论》一书中，独立地提出了另一种太阳系起源的星云假说。由于拉普拉斯和康德的学说在基本论点上是一致的，所以后人称两者的学说为"康德—拉普拉斯学说"。整个19世纪，这种学说在天文学中一直占有统治的地位。

到20世纪初，由于康德—拉普拉斯学说不能对太阳系的越来越多的观测事实做出令人满意的解释，致使"二元论"学说再度流行起来。1900

第一个提出太阳系起源的学说的
生物学家笛卡尔

年，美国地质学家张伯伦提出了一种太阳系起源的学说，称为"星子学说"；同年，摩耳顿发展了这个学说，他认为曾经有一颗恒星运动到离太阳很近的距离，使太阳的正面和背面产生了巨大的潮汐，从而抛出大量物质，逐渐凝聚成了许多固体团块或质点，称为星子，进一步聚合成为行星和卫星。现代的研究表明，由于宇宙中恒星之间相距甚远，相互碰撞的可能性极小，因此，摩耳顿的学说不能使人信服。由于所有灾变说的共同特点，就是把太阳系的起源问题归因于某种极其偶然的事件，因此缺少充分的科学依据。著名的中国天文学家戴文赛先生于 1979 年提出了一种新的太阳系起源学说，他认为整个太阳系是由同一原始星云形成的。这个星云的主要成分是气体及少量固体尘埃。原始星云一开始就有自转，并同时因自引力而收缩，形成星云盘，中间部分演化为太阳，边缘部分形成星云并进一步吸积演化为行星。

总的来说，关于太阳系的起源的学说已有 40 多种。20 世纪初期迅速流行起来的灾变说，是对康德—拉普拉斯星云说的挑战；20 世纪中期兴起的新的星云说，是在康德—拉普拉斯学说基础上建立起来的更加完善的解释太阳系起源的学说。人们对地球和太阳系起源的认识也是在这种曲折的发展过程中得以深化的。

行星示意图

至此，我们可以对形成原始地球的物质和方式给出如下可能的结论：形成原始地球的物质主要是上述星云盘的原始物质，其组成主要是氢和氦，它们约占总质量的98%。此外，还有固体尘埃和太阳早期收缩演化阶段抛出的物质。在地球的形成过程中，由于物质的分化作用，不断有轻物质随氢和氦等挥发性物质分离出来，并被太阳光压和太阳抛出的物质带到太阳系的外部，因此，只有重物质或土物质凝聚起来逐渐形成了原始的地球，并演化为今天的地球。水星、金星和火星与地球一样，由于距离太阳较近，可能有类似的形成方式，它们保留了较多的重物质；而木星、土星等外行星，由于离太阳较远，至今还保留着较多的轻物质。关于形成原始地球的方式，尽管还存在

很大的推测性，但大部分研究者的看法与戴文赛先生的结论一致，即在上述星云盘形成之后，由于引力的作用和引力的不稳定性，星云盘内的物质，包括尘埃层，因碰撞吸积，形成许多原小行星或称为星子，又经过逐渐演化，聚成行星，地球亦就在其中诞生了。根据估计，地球的形成所需时间约为1000万～1亿年。离太阳较近的行星（类地行星），形成时间较短；离太阳越远的行星，形成时间越长，甚至可达数亿年。

至于原始的地球到底是高温的还是低温的，科学家们也有不同的说法。从古老的地球起源学说出发，大多数人曾相信地球起初是一个熔融体，经过几十亿年的地质演化历程，至今地球仍保持着它的热量。现代研究的结果比较倾向地球低温起源的学说。地球的早期状态究竟是高温的还是低温的，目前还存在着争论。然而无论是高温起源说还是低温起源说，地球总体上经历了一个由热变冷的阶段，由于地球内部又含有热源，因此这种变冷过程是极其缓慢的，直到今天地球仍处于继续变冷的过程中。

原始大气和原始海洋

原始大气：指地球形成初期时的大气。初形成的地球地壳较薄，而内部温度又很高，因此火山爆发频繁。火山喷出的气体构成了地球的原始大气。原始大气的主要成分是氨、氢、甲烷、水蒸气，其中水所占的比重最大。原始地球的地表温度高于水的沸点，所以当时的水都以水蒸气的形态存在于原始大气之中。地表不断散热，温度逐渐降低，水蒸气被冷却又凝结成水，以雨的形式从天降落到地球表面低凹的地方，这就形成了原始海洋。

▌▌▌ 形形色色的生命起源假说

生命的神造说

创造论否认一切的事物是自然形成的说法。它认为哪怕是正在呼吸的空气，也是需要被创造才得以产生。目前人类正在面临各种自然资源枯竭，生态平衡被破坏而带来的各种灾难的情况下，对大自然的驾驭更是感到无能为力。人类无能为力的时候，还能做什么呢？惟有依靠神。这不是愚昧，而是人的本能就是这样。从古至今，有很多说法来解释生命起源的问题。在中世纪的西方，《圣经》描绘的上帝，就有七天造万物之说。这在中世纪是大家普遍接受的说法。

《圣经》上说，"起初，神创造天地。"

宇宙初始之时是无边无际混沌的黑暗，只有上帝之灵穿行其间。上帝对这无边的黑暗十分不满，就轻轻一挥手说："要有光"，于是世间便有了光。上帝称"光"为"昼"，称"黑暗"为"夜"。不久亮光隐去，黑暗重临。从此，世界就有了昼与夜的交替。

这种神造万物的说法，是我们的先民对于自然想象不理解的一种解释。

在我国也有盘古开天地的说法。

传说在天地还没有开辟以前，宇宙就像是一个大鸡蛋一样混沌一团。

《圣经》中的上帝

没有东南西北，也没有前后左右。就在这样的世界中，诞生了一位伟大的英雄，他的名字叫盘古。巨人盘古在这个"大鸡蛋"中一直酣睡了约一万八千年后醒来，发现周围一团黑暗，当他睁开蒙眬的睡眼时，眼前除了黑暗还是黑暗。盘古不能想象可以在这种环境中忍辱地生存下去。他拔下自己一颗牙齿，把它变成威力巨大的神斧，抡起来用力向周围劈砍。从此，混沌不分的宇宙一变而为天和地，不再是漆黑一片。人置身其中，只觉得神清气爽。

天空高远，大地辽阔。但盘古没有被胜利冲昏头脑，他担心天地会重新合在一起，于是施展法术，身体在一天之内变化九次。每当盘古的身体长高一尺，天空就随之增高一尺，大地也增厚一尺；每当盘古的身体长高一丈，天空就随之增高一丈，大地也增厚一丈。

神话中的盘古

经过一万八千年的努力，盘古变成一位顶天立地的巨人，而天空也升得高不可及，大地也变得厚实无比。天越来越高，地越来越厚，盘古的身体长得有九万里那么长了。盘古仍不罢休，继续施展法术，不知又过了多少年，天终于不能再高了，地也不能再厚了。

这时，盘古已耗尽全身力气，他缓缓睁开双眼，满怀深情地望了望自己亲手开辟的天地。

盘古长长地吐出一口气，慢慢地躺在地上，闭上沉重的眼皮，与世长辞了。

事实上，在各个民族的初期都有关于宇宙万物起源的神话传说，这是远古先辈们对不能理解的自然现象的一种"自我解释"。而现在，创造论已经被证明为是一种荒谬的解释。

这种解释的根源是类比于人的制造能力，以及对概率论的错误应用。这种推理的根本错误在于他不懂得自然界普遍存在的自组织现象（如雪花、沙丘在一定条件下自动形成某种规则的形状，这显然不是被某高级主体有意制造的，而且也不能用概率论来推断）。生命体的最根本特征是自组织的，不是被制造的。

现代科技使人类拥有了非凡的制造能力，却对更多的生命问题无能为力，原因也在于生命是自己组织的而不是被制造的，即便制造能力再大也无能为力。

生命起源的自然发生说

生命起源的自然发生说几乎与神创论有着同样古老的历史。自然发生说是19世纪前广泛流行的理论，这种学说认为，生命是从无生命物质自然发生的。自然发生论认为生命可以从非生命物质中自然产生。例如蛙可以从泥中长出，蛆虫可从腐肉中生出。从古希腊亚里士多德到近代的哈维、牛顿等大学者都坚信这一点。我国古代也有"腐草化萤"、"腐肉生蛆"、"白石化羊"等说法。在科学极其不发达的时代，人们根据"亲眼所见"得出"自然发生论"是很自然的。这显然是不科学的，但它在反对宗教的上帝造物的思想中，曾起过积极作用。

法国微生物学家巴斯德的实验才最后地否定了自然发生说。路易斯·巴斯德（1821—1895 年）是法国微生物学家、化学家，近代微生物学的奠基人。

巴斯德根据他的发酵研究认为，生物不可能在肉汤或其他有机物中自然发生，否则灭菌、菌种选育等就都是无意义的了。巴斯德做了一系列实验，证明微生物只能来自微生物，而不能来自无生命的物质。他做的一个最令人信服，然而却是十分简单的实验是"鹅颈瓶实验"。

法国微生物学家路易斯·巴斯德

他将营养液（如肉汤）装入带有弯曲细管的瓶中，弯管是开口的，空气可无阻地进入瓶中，而空气中的微生物则被阻而沉积于弯管底部，不能进入瓶中。巴斯德将瓶中液体煮沸，使液体中的微生物全被杀死，然后放冷静置，结果瓶中不发生微生物。此时如将曲颈管打断，使外界空气不经"沉淀处理"而直接进入营养液中，不久营养液中就出现微生物了。可见微生物不是从营养液中自然发生的，而是来自空气中原已存在的微生物（孢子）。这个实验现在看来十分一般，也很简单。但它首次证明微生物不是自然发生的。巴斯德据此否认地球上最初的生物是从非生命物质发展来的可能性，并断言生物只能由同类生物产生。

然而，巴斯德不清楚：最初的生物又是从哪里来的呢?

地球上的生命来自其他星球

这一假说与生命起源的自然发生说一样，提倡"一切生命来自生命"的观点，认为地球上最初的生命来自宇宙间的其他星球，即"地上生命，天外飞来"。这一假说认为，宇宙太空中的"生命胚种"可以随着陨石或其他途径跌落在地球表面，即成为最初的生命起点。

陨石示意图

1969 年，科学家发现，坠落在澳大利亚麦启逊镇的一颗炭质陨石中就含有 18 种氨基酸，其中 6 种是构成生物的蛋白质分子所必需的。科学研究表明，一些有机分子如氨基酸、嘌呤、嘧啶等分子可以在星际尘埃的表面产生，这些有机分子可能由彗星或其陨石带到地球上，并在地球上演变为原始的生命。同样，2008 年英国科学家也从陨石中发现基因块，在陨石中发现这两种元素一种是构成 RNA 四种碱基之一的尿嘧啶，另一种则被称为黄嘌呤，它们都是形成基因块分子的前身。这就为地球上的生命来自其他星球提供了有力的证据。

然而，现代科学研究表明，在已发现的星球上，自然状况下是没有保存生命的条件的，因为没有氧气，温度接近绝对零度，又充满具有强大杀伤力的紫外线、X 射线和宇宙射线等，因此任何"生命胚体"是不可能保存的。而地球却有着适合生命孕育和发生的各种条件。地球距离太阳既不太近，也不太远，接受的光照适中，地球上适宜的温度，是生命活动必需的。我们知道，生命活动需要的能量是通过新陈代谢供给的，而过冷或过热的环境都不利于新陈代谢的正常进行，只有在适宜的温度下，植物才能有效地进行光合作用。

地球有大气层保护，这对于栖息在它上面的生命而言，绝不是可有可无的，因为大气层挡住了来自宇宙空间的强烈的紫外线，使地球上的生命免遭伤害；大气层挡住了大部分撞向地球的陨石，地球表面才没有像月球表面那样坑坑洼洼；大气层就像一床厚厚的棉被，使照射到地球表面的太阳光不会散发到太空中去，地球上的温度才不会剧烈变化；假如没有大气层保护，地球上就不会有刮风下雨，也不会有江河湖海，地球将是一个死寂的荒凉星球。

地球上有繁荣的生命，这与它是一颗岩石星球也不能截然分开。地球的核心是熔融的岩浆，岩浆的主要成分是铁。在地球自转过程中，铁质核心产生了强烈的磁场。这种磁场包绕着地球，保护着地球。当太阳风暴，也就是来自太阳的高速带电粒子流，向地球猛烈袭来时，这种包绕着地球的磁场把它挡在了太空，从而保护了地球上的生命。

大气层示意图

地球上的生命来自其他星球的说法，显然是不对的。这个假说实际上把生命起源的问题推到了无边无际的宇宙中去了，同时这个假说对于"宇宙中的生命又是怎样起源"的问题，仍是无法解释的。

生命起源的化学起源说

化学起源说是被广大学者普遍接受的生命起源假说。这一假说认为，地球上的生命是在地球温度逐步下降以后，在极其漫长的时间内，由非生命物质经过极其复杂的化学过程，一步一步地演变而成的。

这一学说的代表是美国科学家米勒。他在实验过程中，把生命起源的4个阶段十分生动地展现在了人们面前。

但米勒的实验也有很多的疑点，例如所使用的能量大小，不同气体的配合等。虽然都产生了氨基酸、碳水化合物等物质，但仍不能证明这就是生命的起源。因为他所假设的大气层不能证明是原始的大气层，所得的结果就是不确定的。米勒本身也承认他的实验与自然界生命起源相距仍很遥远。并且现代科学发现在火星上有氧气存在却没有生命，那么米勒假设大气层中没有

氧气存在故没有生命之说就不成立，因此无法证明生命起源是由单细胞进化而来的。

生命起源的海洋说

在太阳系的行星中，地球处于"得天独厚"的位置。地球的大小和质量，地球与太阳的距离，地球的绕日运行轨道以及自转周期等因素相互的作用和良好配合，使得地球表面大部分区域的平均温度适中（约15℃），以致它的表面同时存在着3种状态（液态、固态和气态）的水，而且地球上的水绝大部分是以液态海水的形式汇聚于海洋之中，形成一个全球规模的含盐水体——世界大洋。地球是太阳系中惟一拥有海洋的星球。因此，我们的地球又称为"水的行星"。

全球海洋总面积约3.6亿平方千米，约占地表总面积的71%，相当于陆地面积的2.5倍。全球海洋的平均深度约3800米，最大深度11034米。太平洋、大西洋和印度洋的主体部分，平均深度都超过4000米。全球海洋的容积约为13.7亿立方千米，相当于地球总水量的97%以上。假设地球的地壳是一个平坦光滑的球面，那么地球便成为一个表面被2600多米深的海水所覆盖的"水球"。世界海洋每年约有

海洋——生命的摇篮

50.5万立方千米的海水在太阳辐射作用下被蒸发，向大气供应87.5%的水汽。每年从陆地上被蒸发的淡水仅有7.2万立方千米，约占大气中水汽总量的12.5%。从海洋或陆地蒸发的水汽上升凝结后，又作为雨或雪降落在海洋和陆地上。陆地上每年约有4.7万立方千米的水在重力的作用下，或沿地面注入河流，或渗入土壤形成地下水，最终注入海洋，从而构成了地球上周而复始的水文循环。研究证明，地球上的生命起源于海洋，而且绝大多数动物的门类生活在海洋中。在陆地上，生物集中栖息在地表上下数十米的范围内；可是在海洋中，生物栖息范围可深达1米。因此，研究生命起源的学者把

海洋称作"生命的摇篮"。

在我们这个星球上，几乎所有的民族都有过"创世"的神话，而这些神话不少与海洋有关。

西伯利亚—阿尔泰的创世神话说：始初，除了水之外，什么也没有。上帝和魔鬼以两只黑鹅的形状在原始海洋上面漂动。魔鬼总想升得高一些，但反而沉入海底，几乎窒息，于是不得不向上帝求援。上帝使一块石头从海里升起，再让魔鬼从海底抓一把土，接着说："让世界成形吧！"这把土就逐渐长大并且变硬。但魔鬼非常狡猾，他在给上帝抓土的同时自己偷偷往口里藏了一把土，这把土也跟着长大，大得快要塞住他的嘴。上帝知道了，叫它把土吐出来，这样大地上就有了沼泽。魔鬼也就变成了人。

在北美的迪埃格诺人也有类似的创世神话：最早，不存在陆地，只有一片广袤的原始海洋。但在海下住着两兄弟，他们俩都闭着眼睛，因为如果不这么做，盐水会使他们变成瞎子。有一次，哥哥走出海面向四处望去，除了水以外一无所有。弟弟也跟着上浮，但半途他睁开了眼睛，眼立刻瞎了，只好再沉入海底。哥哥就独自留在海面上，开始想创造一片陆地。他先做了些红色的小蚂蚁，这些蚂蚁一下子变得非常多，它们的身体把海水填实，从而世界上有了陆地。不过，在各种创世神话中很少有关于海神的记载。关于海神的传说，最早在巴比伦文明中出现。曾经居住在现今伊拉克东南部的巴比伦人崇敬"艾亚"，因为她是个海神，她的形状类似美人鱼。而在稍后的克里特文明时期，也流传着海神的故事。克里特是地中海的一个小岛，岛上的居民善于游泳和潜水。在公元前3000年时，据说有个卓越的潜水夫鲁劳克斯，为了寻找大海的秘密，就奋勇地投身于海洋之中。上帝为他的无畏精神所感动，就使他成了一个不死的海神。

海皇波塞冬

在希腊神话中，全体海神的首领是波塞冬，他动怒时，会用三叉戟拍打海面，这样就会引起狂风。希腊人为讨得海神的喜欢，就在最危险的峭壁上，建立了宏伟壮观的海神庙。在东方，古老的中国人传说，颇有些特别。在关于海龙王和虾兵蟹将龟宰相的传说之前，则认为以泰山为中心，北到恒山燕山脚下，南达扬子江入海口，东至冀浙海滨，这片三角形的地域称为"中州"，又名"中原"。围绕中原的四面，则是海洋，每个海洋都有一个皇帝统治。

《庄子》一书对此曾有记载："南海之帝为倏，北海之帝为忽，中央之帝为混沌。倏与忽时相遇于混沌之地，混沌待之甚善。倏与忽谋报混沌之德，曰：'人皆有七窍，以视听食息，此独无有，尝试凿之。'日凿一窍，七日而混沌死。"

在古代的中国人看来，海洋是一个充满黑暗和恐怖的地方。"海"这个字"从水从晦"。晦，便是晦暗。又有人记载"海之言，晦昏无所睹"。所谓"无所睹"则表明不可知，这样可以想象当时的中国人对海洋的敬畏程度了。面对着凶险的海洋，古代的中国人并没有放弃求知的欲望，他们以丰富的想象来获得好奇心的满足。集中描写海外世界山川道里，风土人情的，是那本著名的《山海经》，它里面的人物个个奇形怪状。"灌头国"其人"人面有翼，鸟喙"；"长臂国"其人"手下垂至地，捕鱼海中，两手各操一鱼"；"一臂国"其人"一臂一目一鼻孔"；"长股国"其人"身如中人而脚过三丈，常负长臂人入海捕鱼"；"聂耳国"其人则"双手托其耳，悬居海水中"。古代的中国人也用神话来寄托他们征服海洋的雄心。最为动人的是精卫填海的故事。它说的是管太阳升落的炎帝有一个女儿，她叫女娃，在炎帝出巡的时候，失足于东海溺死。她的灵魂化为一只鸟，"其状如乌，文首，白喙，赤足"。它就是精卫鸟，每天"衔西山之木石，以埋于东海"。在中国的古代传说中，最勇敢地向海洋挑战的恐怕是秦始皇了。"始皇梦与海神战，若人状。问占梦，博士曰：'水神不可见，以大鱼蛟龙为侯'……始皇乃令入海者赍捕巨鱼具，而自以连弩候大鱼出射之。"由此可见，人类在它的幼年期，始终抱着一种矛盾的思绪看待海洋。海洋的浩瀚博大使人类感到自身的渺小，但海洋的奇幻神秘却使人类又产生了想接近它的魅力。

海洋曾是人类最难堪的困窘，为这困窘，幼年期的人类备受折磨……人类对海洋的兴趣首先从海的表面开始。当秋天的落叶在水面上随风飘荡的时候，人可能从中得到启发造出了船。1973 年，在一次寻找石油的钻探中，偶然在中国浙江余姚发现了河姆渡古人类遗址，从厚达 2 米的海生贝壳层中发现了一把小型木桨，于是证实了船的历史至少有 7000 年之久。海能载舟，最初人类用它在海边巡逻，以捕捉鱼虾。在中国的夏代出现过"东狩于海，获大鱼"的文字记载。而人类驾舟远航以探求世界的秘密，则是晚得多的事情。

迄今所知的人类第一次大规模远航是在公元前 609 年。当时的埃及法老尼科是个求知欲十分强烈的统治者，他不满足他的船队只在地中海游弋，他想了解地中海外的世界究竟是怎么个样子，就雇用了一批善于航海的腓尼基水手，租用了 3 艘有 50 把大桨的木船去探知外面的世界。从此，人类对海洋的梦幻与追求便一页页地书写下去了。渐渐地，一个地方的人的视角扩展到了海的那一边，发现了新的大陆、新的人群，感受着不同的文化、不同的境遇，成功，失败，失败，成功，他们继续寻找，继续着也许是毕生的漂流，于是，无边无际的海洋成了他们的家园；于是，终于发现海洋本是人类的母亲……

如果从宇宙空间看地球，那是一个极其美丽的蓝色球体。为什么是蓝色的呢？是因为地球上大部分地方是水。

据水文学家计算，地球上共有 14.5 亿立方千米的水，其中地表水占95%，地下水占4%，其他为大气中含水不过1%。地表水98%集中在海洋里，陆地水指河流、湖泊以及冰川的水，其中储水最多的是冰川。冰川的储水量比河流湖泊多 100 倍。

地球上这么多水是从哪里来的呢？有人看到天上下雨下雪，就以为水是从天上掉下来的，其实雨雪都是地面上的水汽蒸发到空中形成的，大气中的水汽遇冷便凝聚成水滴落下来，这就是雨。如雨滴在凝聚过程中，遇上 0℃ 以下的寒潮，落下来便是雪。雨水雪水与其说它是天上落下来的，还不如说它是地下升上去的。这绝不是地球上水的来源。近些年来，人们通过对地球内部构造和物质成分详细分析研究，证实地球上的水是从地球内部岩浆中分离挤压出来的。火山喷发的时候，巨大的火柱冲向天空，高达上万米，甚至几万米，火柱扩散成乌云，弥漫天空，顿时日月无光，天昏地暗。这喷出的火柱是炽热的岩浆，而岩浆里面含着4%~10%（平均7%）的水，这些水随着岩浆从地幔中冒出来当然只是水汽，冲向高空，冷聚凝缩落下来才是雨。因此火山喷发的时候，无不伴有倾盆大雨。根据现代火山活动的观测，火山喷

出的气体，水汽占了 75% 以上，数量之大，实在惊人。美国阿拉斯加州卡特迈火山区的万烟谷，有 10 万个喷气孔，每秒钟喷出的水汽有 23000 立方米之多。又如 1906 年意大利维苏威火山喷发时喷发出来的水汽柱高达 13000 米，持续了 20 多个小时。

由此推测，地球上的水，主要是从 100 千米以下的地幔中来的。不过，30 亿年以前地球表面温度极高，地壳上不可能有水。从地底下冲向高空的水，只能呈水汽状态升腾飘浮在上空；又因地心引力的作用，它也不可能远离地球而去。随着水汽的增加，乌云愈来愈多，愈积愈厚，阻碍了日光对地表的直接照射，地面的温度逐渐降低，岩浆便冷却下来，固化为地壳，地表温度下降到 100℃以下，水汽冷凝成水滴落到地面上来，当地表温度降到 30℃左右，岩浆中喷出的水汽 99% 冷凝成水滴落到地表上时，海洋也就形成了。对海洋形成的各种说法，随着科学技术的进步愈趋合理，但并不是最后的结论。美国恩格尔说过一段非常生动有趣的话，他说："海很老，老得难以想象。不过地球本身比海洋还要老些。要概略地说明地球到底有多老，我们不妨拿地质年代和一年 12 个月的时间比比看。根据这个比较，假如我们说地球最初在 1 月形成，地壳最后于 2 月凝结，那么远古海洋，往早里说大概在 3 月产生，依据同一标准，我们可以说最初的生物在 4 月出现，最早的化石在 5 月形成，恐龙大约在 12 月中旬主宰一切，最早的灵长目动物在 12 月 26 日出现。而人的时代到了一年最后一周最后一天才告开始。事实上他真正脱离动物上升为人，还是第 365 天晚间 9 点 43 分发生的事情。"

都说万物生长靠太阳，可在太阳系的众多行星中，为什么惟独地球上有生命呢？

科学家通过大量的天文资料研究分析后认为，对于生命来说，水比阳光更重要。而在茫茫星空中飞行的宇航员，也惟独见到地球身披湛蓝色的外衣，这湛蓝色的外衣便是环抱地球表面的海洋。于是，生命科学家更加坚定地对我们说，大海，生命的摇篮；大海，生命的汪洋，谜一般的生命从海洋中诞生。当我们运用生物进化论观点去研究生命与海洋的关系时，竟惊奇地发现：世界上的一切生物，包括我们人类，都是来自海洋。自从原始生命在海洋里诞生后，不断地进化发展，经历了这样一个进化过程：单细胞生物→鱼类→两栖类→爬行类→哺乳类直到今天的人类，在人们的身上仍然留有许多来自海洋的印记。

一个很有趣的事实：人的胚胎在早期发育阶段曾有过鱼一样的鳃裂。用生物进化论来解释，就说明人类与鱼类一样，也是起源于水中，人类的远祖也曾有过可在水中呼吸的鳃，虽然在漫长的进化过程中鳃逐渐退化了，但仍在人的胚胎早期，留下了鳃的痕迹，也就是人身上的海洋印记。谁都有过这样的亲自体会，在进食时因不慎而咬破舌头，尝到了从伤口流出来的血，是咸的滋味。这也是人身上最具特色的海洋印记。为说明人身上的血液与大洋中的纯海水有着不可分割的密切关系，俄罗斯科学家夫·弗·杰尔普戈利茨还特地对海水和血液作了对比测量，发现海水和血液中溶解的化学元素的相对含量百分比惊人的接近。在海水中，氯为55%，钠为30.6%，氧为5.6%，钾为1.1%，钙为1.2%，其他元素为6.5%（海水含盐量为3.0%～3.5%）；而在人血中，氯为49.3%，钠为30%，氧为9.9%，钾为1.8%，钙为0.8%，其他元素为8.2%（血液含盐量为1.0%）。虽然，人血的含盐度要比普通海水低一些，但比世界上最淡的波罗的海的含盐度（0.2%～0.3%）却要高许多。由此可见，人血带有咸味的这一海洋印记，今日依然十分明显。况且，科学家在地球历史考察中发现，在原始生命诞生时期，海洋中的海水并没有那么多的盐分，比之今日要低得多。之后，大陆上的盐分逐渐随水流入海洋，海水才慢慢变得咸起来。而到了鱼类进化到两栖类，并由海登陆的时候，海水也没有今天的咸度，只相当于现在人血的咸度。因而，人类的远祖在登陆时只带有当时的海中物质，并以此代代相继，保留着人类仍旧可以适合在海洋中生存的条件，为人类回归海洋这一设想提供了强有力的科学依据。

 知识点

孢 子

孢子：细菌、原生动物、真菌和植物等产生的一种有繁殖或休眠作用的生殖细胞。能直接发育成新个体。孢子一般较微小，由于性状不同，发生过程和结构的差异而有种种名称。生物通过无性生殖产生的孢子叫"无性孢子"，如分生孢子、孢囊孢子、游动孢子等；通过有性生殖产生的孢子叫"有性孢子"，如接合孢子、卵孢子、子囊孢子、担孢子等；直接由营养细胞通过

细胞壁加厚和积贮养料而能抵抗不良环境条件的孢子叫"厚垣孢子"、"休眠孢子"等。孢子有性别差异时，两性孢子有同形和异形之分。前者大小相同；后者在大小上有区别，分别称大、小孢子，并分别发育成雌、雄配子体，这在高等植物较为多见。

热泉生态系统与生命诞生

在自然界众多生物中，人们都是围绕着食物，将不同的生命体联系在一起的，构成所谓的"食物链"。当然，构成这种食物链的基础是绿色植物；绿色植物又通过光合作用，把氧、碳、水化合成有机物质，这样动物们就可以直接或间接以植物为食，形成了"光合食物链"，从而在地球的表面构成一个不连续的圈层——地球生物圈。很显然，地球生物圈的存在，是以太阳的存在为前提条件的，而大洋深海底的"热泉口"生物群落的发现，动摇了人们传统的"光合食物链"的理论基础。在此之后，人们在6000米深的岩芯中，也发现了微生物生命的原形痕迹。于是，有人便提出，在地层深处，可能存在一个由微生物组成的并不依赖于太阳光能和氧的新生命世界。这就是一度被学者们称之为可能存在的"地下生物圈"的假说。由此可以推理得出，太平洋加拉帕戈斯群岛附近洋底热泉处的生命群落，可能是"地层下生物圈"生物的外露部分。当然，这种假说，还有待于进一步的证实，但是，深海热泉生物群落的发现，不仅是生物学理论的突破，也为太阳系外的宇宙空间可能存在生命现象，提供了研究的信息。这就是生命起源的热泉生态系统学说。

生命的起源可能与热泉生态系统有关，这是20世纪70年代以来，部分学者提出的观点。20世纪70年代末，科学家在东太平洋的加拉帕戈斯群岛附近发现了几处深海热泉，在这些热泉里生活着众多的生物，包

蛤类示意图

括管栖蠕虫、蛤类和细菌等兴旺发达的生物群落。这些生物群落生活在一个高温（热泉喷口附近的温度达到 300 ℃以上）、高压、缺氧、偏酸和无光的环境中。首先是这些化能自养型细菌利用热泉喷出的硫化物（如 H_2S）所得到的能量去还原 CO_2 而制造有机物，然后其他动物以这些细菌为食物而维持生活。迄今科学家已发现数十个这样的深海热泉生态系统，它们一般位于地球两个板块结合处形成的水下洋嵴附近。

也有科学家认为，原始生命可能源自火山喷发。多年来科学家在研究火山岩石时都会发现，在火山岩石的表面有一层很薄的有机物。科学家经过多年研究后认为，火山岩石表层的有机物诞生于火山喷发时火山口上方炙热的蘑菇云中，并由此得出了亿万年前的火山作用有可能会导致原始生命出现的结论。在火山喷发时，火山口内的气体温度高达 1200℃。当这些气体冲出火山口融入火山口上方的蘑菇云后，气体的温度会降至 150 ~ 300℃。在这一过程中，蘑菇云中的

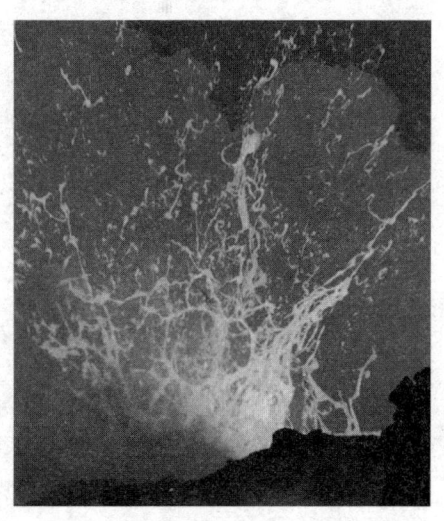

火山示意图

氢、氧化碳和起催化剂作用的磁铁矿之间会发生剧烈反应，生成简单的有机化合物。但是，在数十亿年前，地球的含氧量却要比现在少得多，火山喷发时所生成的蘑菇云的温度也比现在高大约 200℃。这种条件非常有利于蘑菇云中的多种物质之间发生更加复杂的化学反应，合成有机聚合物和氨基酸。这些物质落到地面，经过多年的相互作用后，便可合成具有自我复制能力的核糖核酸分子，从而使原始细胞的出现成为可能。

热泉生态系统之所以与生命的起源相联系，主要基于以下的事实：

（1）现今所发现的古细菌，大多都生活在高温、缺氧、含硫和偏酸的环境中，这种环境与热泉喷口附近的环境极其相似。

（2）热泉喷口附近不仅温度非常高，而且又有大量的硫化物、CH_4、H_2 和 CO_2 等，与地球形成时的早期环境相似。

由此，部分学者认为，以原核生物为主体的热泉微生物群落代表了生命

起源之后第一个完美的地表微生物生态系统，生命可能在 40 亿年前起源于地球浅层岩石圈的某处，而热泉和海底"黑烟囱"正是地球生命从地下向地表扩展的窗口。地球早期"稳定"的地下环境和地表"恶劣"环境的转换形成了一个物理和化学条件变化强烈的梯度，这一环境巨变的选择可能导致了早期生命在 35 亿年前快速分异和进化。热泉喷口附近的环境不仅可以为生命的出现以及其后的生命延续提供所需的能量和物质，而且还可以避免地外物体撞击地球时所造成的有害影响，因此热泉生态系统是孕育生命的理想场所。但另一些学者认为，生命可能是从地球表面产生，随后就蔓延到深海热泉喷口周围。因此，这些喷口附近的生物虽然不是地球上最早出现的，但却是现存所有生物的共同祖先。

有机物

有机物：有机化合物的简称，含碳化合物（一氧化碳、二氧化碳等除外）或碳氢化合物及其衍生物的总称，主要由氧元素、氢元素、碳元素组成。有机物是生命产生的物质基础。脂肪、氨基酸、蛋白质、糖、血红素、叶绿素、酶、激素等都是有机物。生物体内的新陈代谢和生物的遗传现象，都涉及有机物的转变。此外，许多与人类生活有密切关系的物质，例如石油、天然气、棉花、染料、化纤、天然和合成药物等，均属有机物。

生物进化历程
SHENGWU JINHUA LICHENG

从地球上第一个生命体诞生开始，生物进化就拉开了序幕。生物进化是一个极其漫长的历程，漫长到要以亿年来计算。从没有细胞结构的原始生物发展到有细胞结构的生物就经历了很长的时间，之后，生物界就分别向低等植物和低等动物两个方向发展，再以后，进化继续进行，低等生物向高等生物逐渐过渡，在经历了漫长的地质年代和曲折的进化过程后，生物界发展到了如今形形色色、种类繁多的生物群落。要注意的是，生物进化不是一个呈直线式的简单的发展过程，而是一个曲折波动但一直向前的呈现曲线式发展的历程，只有经历了这样的曲折波动的发展历程，才会造就如今地球上种类繁多的生物群落。

▌ 植物的进化

从菌类说起

从没有细胞结构的原始生物发展到有细胞结构的生物以后，生物界就分别向着低等植物和低等动物两个方向发展。低等植物中没有叶绿素的称为菌类，含有叶绿素的称为藻类。从藻类中的一个类群——绿藻门——再发展出

现在的高等植物、苔藓植物和维管植物。

现在我们看看植物界有哪些主要类群，它们是怎样进化的。首先我们从非绿色植物的菌类开始讲起。

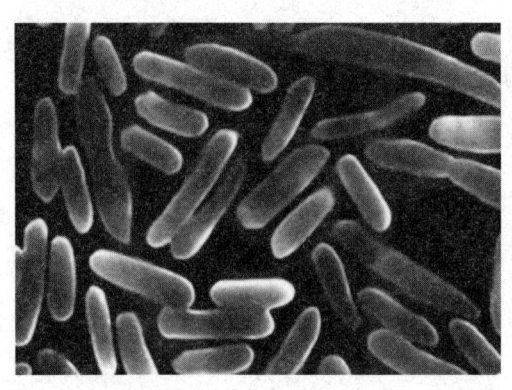

菌类——"非绿色植物"

菌类包括细菌、黏菌和真菌三门。它们都没有叶绿素，称为"非绿色植物"。除了少数例外，菌类都是以现成的有机物为食物。

细菌是植物界中历史最古老、结构最简单的，属于"原核生物"。大多数细菌只能利用现成的有机物来生长繁殖。少数细菌含特殊的"细菌叶绿素"，可进行光合作用。另一些有"化能合成作用"，不用光能而利用无机物氧化时释放的化学能来合成有机食物。

黏菌是兼具动物和植物性状的生物。它们在营养时期像变形虫，能吞食固体食物；到了生殖时期，又像植物那样产生有细胞壁的"孢子"。所以，在菌类中，我们又遇到了和藻类中的裸藻门相类似的情况。植物和动物是难以绝对划分的。

真菌是菌类中种类最多的。它们都不能合成有机食物，而是在已死的动植物上"腐生"，或是在活的动植物上"寄生"。它们当中有单细胞的，也有大型的种类，形态上的变化很大。菌类在植物系统进化中的地位，除了对细菌门还有不同的看法以外，其他两门都被认为是进化中的侧枝。

菌类推动了自然界中的物质循环。自然界中的无机物和有机物是可以相互转化的，在这个过程中，菌类的作用非常重要。绿色植物（包括藻类和高等植物）用无机物合成大量的有机物质。这些有机物，除了被动物吃掉的以外，大部分要被腐生的菌类分解为无机物，再次投入物质循环。如果没有菌类，动植物的尸体将堆满在地面上，供应绿色植物使用的无机物将越来越少，形成不可想象的局面。所以，绿色植物和非绿色植物是对立统一、相反相成的。菌类和人类的关系非常密切。有些菌类寄生在人体上，使人感染疾病甚至死亡，例如人类的结核病、霍乱、鼠疫、脚癣和秃疮都是菌类引起的。使经济动物遭受严重损失的主要是寄生的细菌，使农作物减产的主要是寄生的真菌，在此不再列举。

腐生的菌类，在自然界的物质循环中虽是不可缺少的，但有时却使人类在经济上受到损失。如果管理不善，它们能使农产品、工业原料、工业产品和国防设备霉烂、腐蚀。

菌类中也有很早以前就为人类利用的，例如供食用和药用的口蘑、木耳、银耳、灵芝、麦角、冬虫夏草等。在酿造、食品、制革、纺织、制药等工业上，菌类的应用也日益广泛。此外，固氮细菌在农业上也具有重要意义。"根瘤菌"就是生活在豆类根上的固氮细菌，因此豆类的蛋白质含量丰富。

人类在三大革命实践中，利用菌类创造出不少转害为利的事例。20 世纪 40 年代以后，在本来对人有害或无用的青霉和链霉菌中提取了青霉素、链霉素、氯霉素、土霉素、四环素等抗生素，有效地防治了不少传染病，挽救了无数的生命。此外，能刺激农作物生长的"九二零"，是从危害水稻的赤霉菌中提取的；使农作物增产的"五四零六"，是原来对人无用的一种链霉菌。可见，人们在实践中掌握了生物生长、发育的规律，就可以进一步地利用它、改造它，不断地"有所发现，有所发明，有所创造，有所前进"。

藻类——低等的绿色植物

在生物界的进化过程中，藻类居于"承前启后"的地位。可以说，如果没有藻类，就不会有陆生的植物和动物，更不会有人类出现。

什么是藻类呢？藻类是比较简单的、含有叶绿素的植物，也可以说是低等的绿色植物。它们生活在海水中、淡水里、陆地上、动植物体的表面或体内。它们的体形和大小是千变万化的，在自然界和人类生活上也有重要意义。不过，名字中带有"藻"字的常见水生植物，例如金鱼藻、狐尾藻、

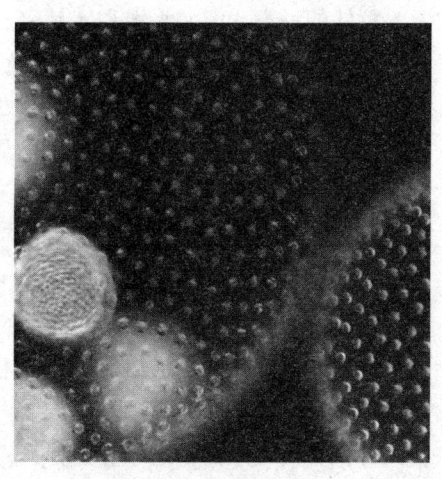

藻类——低等的绿色植物

狸藻等，却不是藻类而是高等的被子植物，因为它们都有维管组织，而且能开花结果；正如动物界中的"鲸鱼"不是鱼类而是恒温、胎生的哺乳类一样。

形形色色小的藻类，例如单细胞的小球藻，直径只有 5 ~ 10 微米（1 微米 = 1/1000 毫米），要在显微镜下才能看到。大的藻类，例如海带、紫菜，可以长达数米。最大的海藻长达 70 米。

藻类都有叶绿素，属于"绿色植物"，但在外表上却呈现出绿、黄、褐、红、蓝绿甚至黑色等颜色，五彩缤纷。因为除了叶绿素之外，有些藻类还分别含有大量的黄、红、蓝等色素。藻类进行光合作用后所制成的有机食物也是多种多样的。根据色素和贮藏食物的不同，可以将藻类区分为绿藻、褐藻、红藻、金藻、蓝藻……各门。

有些藻类生有鞭毛，能够在水中自由游动；有些藻类虽然没有鞭毛，也能像小船在水面上一样进退自如，可见自由运动并不是动物独有的特征。结构较复杂的藻类失去自由运动的能力，但是它们的生殖细胞有很多仍然可以自由游动。人们认为，不能自由运动的多细胞藻类是从自由运动的单细胞的祖先发展而来的。

单细胞的种类，例如衣藻和裸藻（眼虫），同一个细胞兼有营养和生殖的机能。裸藻有眼点和鞭毛，能感光和运动；没有细胞壁，形态可以改变；有叶绿素，能进行光合作用，所以有人把它列为动物，也有人把它列为植物。这说明动、植物之间没有截然划分的鸿沟，它们有统一性，有共同的起源。

群体的种类，例如水绵和实球藻，是由多数细胞组成的，但是没有营养细胞和生殖细胞的分化。它们是单细胞生物到多细胞生物的过渡阶段。

多细胞的种类，例如团藻和海带等，是由更多的细胞组成的，有了营养细胞和生殖细胞的分化。分化程度越大，结构就越复杂。

藻类是水生动物"食物链"的基础。"大鱼吃小鱼，小鱼吃虾，虾吃泥巴"讲的就是这个意思。所谓"泥巴"，在显微镜下来看，就含有各种浮游藻类。"海阔凭鱼跃，天高任鸟飞"，这些跳跃的鱼和飞翔的海鸟，正是以海洋表面的浮游藻类为其直接或间接食料的。

藻类行光合作用，放出氧气供动物呼吸。如果没有藻类，就不可能出现今天的动物。

在藻类出现以前，地球上没有游离的氧气（O_2）；有了藻类，大气中的氧气逐渐增多，才产生出臭氧（O_3），在地面上空形成了臭氧层。臭氧层能吸收大量的紫外线，减弱日光中紫外线对生物的杀伤力，使水生的植物和动物有可能发展到陆地上来。

藻类是一个庞杂的类群的总称。它们当中，有和动物难于严格区分的裸藻门，有保持"原核"状态的蓝藻门，还有和高等植物比较近似的绿藻门和褐藻门。不过从细胞学和生物化学的角度来看，现在多数人认为绿藻门是现代高等植物的祖先，其他的藻类都是植物系统进化中的侧枝。

很久以前，人们就直接食用大型的藻类，如海带、紫菜、石莼、发菜等。人们还大量养殖浮游藻类，作为鱼虾、贝类的饵料。藻类还可以提供工业原料和药品，如硅藻土、藻胶、琼脂、碘等。

展望未来，利用藻类的固氮作用进一步为农业服务，利用藻类处理生活污水和工业污水的工作，都已提上了日程。此外，藻类和藻类化石的研究，在油田的勘探和开发方面，也起着重要作用。石油的形成，是直接或间接同藻类的繁盛有关的。

地衣——向陆地"进攻"的植物

地衣这一类群，在生物界中是相当奇特的：它们是由陆生的真菌和陆生的藻类联合组成的，两方面形成了互利互赖的"共生"关系。地衣出现的历史，比水生的藻类和菌类要晚得多，它们形成了植物系统进化中的一个特殊的侧枝。

地衣的形状以片状（如兜衣、树花）和枝状（如松萝、石蕊、雪茶）为主，也有其他不规则形状的。有的地衣可供食用、药用、作饮料、饲料和提制工业原料。

地衣的植物体，外围是由真菌的菌丝组成的，内部则分布着陆生的藻类。藻类进行光合作用，为真菌提供有机食物；真菌为藻类提供水分、无机盐，

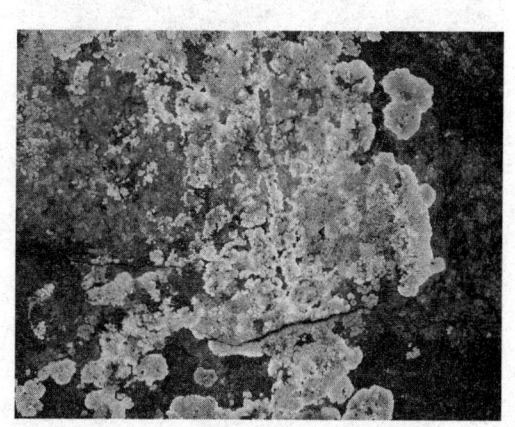

地衣——向陆地"进攻"的植物

并保护藻类免受外界不利条件的损害。所以除了森林、土壤之外，地衣还能够生活在干旱高寒的岩石上和积雪地带，形成了一支向陆地进军的特种联合部队。

地衣生长得很慢。但是长期生活的结果，能够促使岩石风化，形成薄薄的土壤，为苔藓植物和维管植物创造了立足之地。因此，它们在植物向陆地进军过程中确实起了前锋的作用。尽管地衣在干旱和严寒面前如此顽强，却有一个致命的弱点：怕二氧化硫。一旦空气受到了二氧化硫的污染，地衣就大量死亡。所以从环境保护的角度来说，地衣是很敏感的"指示植物"。

苔藓——向高等植物进化

苔藓植物和维管植物都属于高等植物，是高等的绿色植物。它们都有"胚"，就是说，受精卵要在母体保护之下发育一定的阶段；它们还都有"世代交替"现象，即有一个进行孢子生殖的无性世代和一个进行配子生殖的有性世代两种植物体相互交替的现象。而前面的藻类、菌类和地衣都属于低等植物，它们都没有胚，世代交替只在部分的种类中才有。

苔　藓

在苔藓植物的世代交替中，比较发达、占优势的是有性世代；无性世代较小，生活期较短，寄生在有性世代的植物体上。而有性世代的生殖离不开水，游动精子要在有水的情况下才能和卵结合，所以苔藓植物不能长得高大，不能像维管植物那样长成大树、形成森林、在陆地上占统治地位。因此我们说，苔藓是高等植物进化中的侧枝。

苔藓生活在岩石、土壤、沼泽和森林中，有风化岩石和保持水土的作用。部分种类可供药用和作为填充材料。有些苔藓可以作为汞污染的指示植物；对于空气中的有色金属含量，柏形灰藓是相当敏感的。

维管植物——高等植物进化中的主干

维管植物的世代交替中占优势的是无性世代；有性世代体形小得多，独立生活或寄生在无性世代的植物体上。无性世代的植物体内有维管组织，可以很好地输送水分、营养和支持身体，所以不但有草本的，还有很多木本植物，形成了广阔茂密的草原和森林，遮覆在大地表面，在植物界中居于统治地位，成为高等植物系统进化中的主干。

维管植物可以分为 3 个类群：

（1）蕨类植物。蕨类植物的有性世代比无性世代小得多，但仍是独立生活，大部分是绿色的。现在生活的蕨类有 1 万多种，一般都是草本。但古生代的中、后期却是蕨类植物的极盛时代，有不少长成高大的树木，形成了广大的森林。不少煤田就是古生代的蕨类形成的。

（2）裸子植物。有性世代寄生在无性世代的植物体上，由于寄生的结果，结构越来越简单化了。裸子植物具有裸露的种子，都是木本的，现代只有 700 种左右。但中生代却是裸子植物占统治地位的时代，在动物界中则是各种"龙"的世界。中生代的煤田，主要是由裸子植物形成的。

（3）被子植物。有性世代也是寄生的，结构更简单了。被子植物的种子不是裸露的而是包被在果皮之内，形成了果实，能更好地适应陆地生活。被子植物的历史只有 1 亿年左右，但却发展成为植物界中最高级、最繁盛的类群。在 40 万种现代植物中，被子植物占了 25 万种以上，真是"后来居上"，一代胜过一代！

被子植物不仅广泛分布在陆地上，而且在江河湖沼中也很多，甚至在沿岸的海水中也有。"花枝招展"的被子植物的出现，不但丰富了大地的景色，而且为现代动物的繁荣提供了条件。现代动物界中最繁盛的昆虫与最高级的鸟类和哺乳类，都是随着被子

被子植物

植物的发展而发展的。另一方面，昆虫又帮助被子植物传播花粉，鸟类和哺乳类则帮助被子植物散播果实和种子，反过来促进了后者的繁荣。这些事实，反映出发展中的事物是彼此联系而不是各自孤立的。

被子植物和人类的关系也最为密切。稻、麦、棉、麻、糖、油料、茶、烟，还有很多药材和观赏植物，都是被子植物。说得远些，"从猿到人"的进化过程，也是和生活条件的改变、草本的被子植物取代了森林植物的历史背景密切联系的。被子植物不但为人类提供了衣、食、住、行、医药、文化生活各方面的资源，而且也被应用在水土保持、绿化造林、环境保护各方面，成为人类改善生活环境和改造自然的有力武器。

植物界的进化

总起来说，植物界的进化趋势是由低级到高级、由简单到复杂的。在结构上是由单细胞到群体再到多细胞个体；在机能上由不分化到初步分化再到高度分化；在生活环境上由水生发展到陆生，但也不排斥一部分高等植物再度适应水生生活，如金鱼藻、狐尾藻等。

推动植物界发展进化的动力是什么？是变异和遗传的矛盾，我们在后面还要介绍。

在具体的进化过程方面，我们现在对高等植物了解较多，而对低等植物还了解得不够详细。低等植物的历史是古老的，30 多亿年以前就出现了；它们的性状十分庞杂，发展的方向、途径各不相同。除了绿藻门之外，其他低等植物都是植物系统进化中的侧枝。

高等植物在陆地上出现，是 4 亿多年以前的事。人们认为，高等植物起源于具有世代交替现象的绿藻，而且这些绿藻的无性世代和有性世代是同样发达的，两种植物体在外形上看不出差别，都是独立生活的。

高等植物的发展，也是一分为二，沿着 2 条不同的方向发展的：①苔藓植物代表着有性世代占优势的路线，②维管植物则代表着无性世代占优势的路线，两者分头并进。三四十年前曾经流行的看法，认为从藻类发展到苔藓，再从苔藓发展到蕨类——这种"一条龙"式的进化理论，赞同的人已越来越少了。

苔藓植物的世代交替中占优势的是有性世代，它对于陆地生活的适应是较差的，所以在陆生植物中始终处于次要地位。

维管植物的世代交替中占优势的是无性世代，它有了维管组织，因此在蕨类植物中开始出现了发达的茎、叶和根系统。在裸子植物中出现了"花粉管"和种子，对陆地生活的适应进一步加强了。被子植物不仅有根、茎、叶、花和种子，而且还有果实；在它的有性过程中不仅有精子和卵的结合（以后发育成为胚），而且还有精子和极核的结合（以后发育成种子中的"胚乳"），大大加强了适应能力。所以，蕨类、裸子植物和被子植物4亿多年来先后相继地统治着植物界，欣欣向荣，形成了高等植物进化中的主干。

叶绿素

叶绿素：是一类与光合作用有关的最重要的色素。光合作用是通过合成一些有机化合物将光能转变为化学能的过程。叶绿素实际上见于所有能营光合作用的生物体，包括绿色植物、原核的蓝绿藻（蓝菌）和真核的藻类。叶绿素从光中吸收能量，然后能量被用来将二氧化碳转变为碳水化合物。叶绿素分为叶绿素a、叶绿素b、叶绿素c、叶绿素d、叶绿素f、原叶绿素和细菌叶绿素等。

动物的进化

由单细胞动物说起

动物界从最低等的单细胞动物开始，经历了漫长的地质年代和曲折的进化过程，发展成现代生活的形形色色的动物类群。正如恩格斯所说的："动物也有一部历史，即动物的起源和逐渐发展到现在这个样子的历史。"

人类在长期的三大革命实践中，陆续地揭开了这一部历史。由于动物界发展速度的不平衡，在现存动物中可以看出若干个发展阶段，代表着不同的发展水平，可以看成是动物进化过程中的几个"里程碑"。现在就从这部历史的开头讲起。

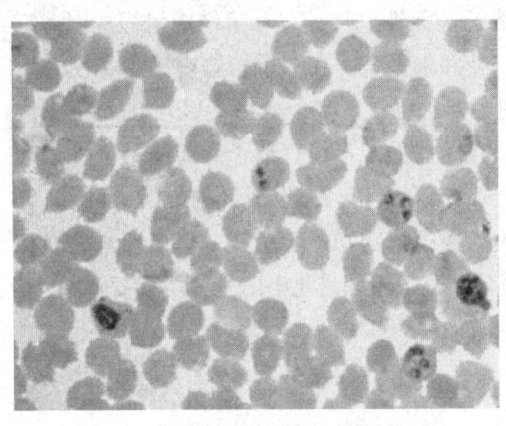

原生动物——单细胞动物

天气温暖时，从水草丛生的水池里取一滴水，放在显微镜下观察，呈现在眼前的是一个别开生面的小天地；这里面除了植物之外，常常有很多的单细胞动物。有一种周身生着纤毛、旋转前进的小动物，由于它像草鞋，人们叫它草履虫。有一种像一团胶质似的小动物，体形随时变化，不断地伸出伪足，这就是变形虫。此外还有一些其他的单细胞动物跑来跑去，使人眼花缭乱。这些动物的身体都由1个细胞组成，叫做原生动物。

原生动物虽然很小，和人的关系却很密切。有的寄生在人体内，引起疟疾和痢疾等疾病；有的寄生在兔、鸡体内，引起球虫病；还有一类带有外壳的原生动物，叫有孔虫，受到了地质学工作者的注意，因为它们的钙质外壳容易保存成为化石。在石油勘探工作中，油田附近钻孔取出的岩心中经常有这类微体化石发现。

10多亿年以前，地球上就出现了单细胞的原生动物。现存的原生动物虽然也经历了不少变化，但仍然保留着单细胞的结构，处于动物进化过程中的原始阶段。

那么，动物最初是怎样出现的呢？

现代生存的变形虫、草履虫的远祖原来都是一些具有叶绿体的原始鞭毛生物。这些原始单细胞生物，实际上是处于既是动物又是植物的阶段。原始动植物之间没有明显的界限，正说明了动植物有着共同的起源。原始单细胞生物中的某些向动物方向发展的种类，后来逐渐失去了光合作用的能力，而运动和摄食的能力日益发展，便产生了最早的原生动物。动植物的分家是生物进化史上的一次大分化。从此，在大地上郁郁葱葱的植物界和千姿百态的动物界相互依赖、相互制约，不断发展，日趋繁荣。

没有脊梁骨的动物

我们要讲的没有脊梁骨的动物是指从单细胞动物中发展出原始的多细胞动物。多细胞动物的产生是动物进化过程中一次重要的飞跃。早在震旦纪地层中就已发现有少量的海绵、水母等原始的多细胞动物。到了寒武纪，海洋里就有了海绵动物、腔肠动物、软体动物、节肢动物等众多门类。这些动物的共同特点是身上没有一根脊梁骨，都是"无脊椎动物"。各种类群的无脊椎动物不是一下子出现，而是在漫长的地质年代中逐步发展出来的。进化过程中的各主要阶段在现存的无脊椎动物中都可以看到。

最原始的多细胞动物只有两胚层。现代生活的水螅、海蜇、珊瑚等腔肠动物就处于这一阶段。水螅的体壁由内外两层细胞组成，在结构和机能上都有了区别。内胚层细胞较大，可以像变形虫那样，伸出伪足将食物摄入细胞内消化；内胚层所包围的"原肠腔"也是消化食物的地方。外胚层细胞较小，执行感觉和保护等机能。在动物界中，腔肠动物第一次出现了神经细胞以及由它们形成的神经网。这种原始的神经网还没有集中形成中枢，因此只要刺激水螅身体的任何一处，就能引起它全身收缩。

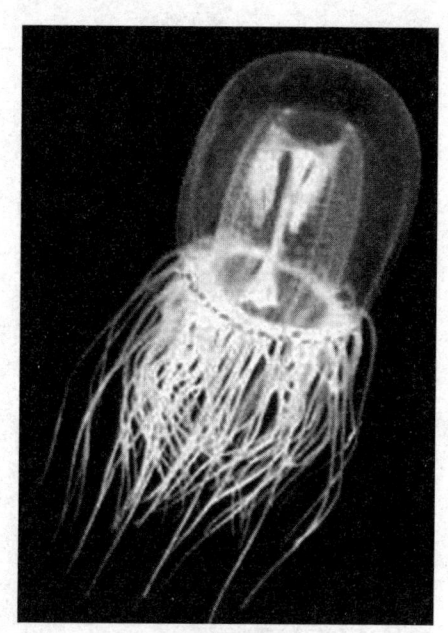

没有脊梁骨的动物

动物界的进一步发展是三胚层的出现。从扁形动物开始出现三胚层：在内外胚层之间出现了中胚层，由 3 个胚层分别发育出消化、排泄、生殖、神经等器官。现在生活在溪流中的涡虫，寄生在人体中的血吸虫、绦虫都是扁形动物。由扁形动物开始，多细胞动物开始具有两侧对称的体型，即有了前后、背腹的分化。在身体前端，神经细胞集中形成了脑神经节，腹部的神经合并成 2 条腹神经索，一个初步集中的神经系统开始形成。

常见的蚯蚓和蚂蟥属于环节动物。它们的身体分成了许多体节，还出现

软体动物

了真正的体腔，其中充满体腔液。体腔液能将营养物质和氧带到身体各部，并将新陈代谢的废物排出体外。在环节动物中出现了血液循环系统，连接背、腹血管的 4～6 对环血管，有搏动作用，相当于雏形的心脏。

和环节动物关系密切的是软体动物，它们有着共同的祖先。软体动物是动物界中的第二个大类群，现存的有 8 万余种，其中有不少具有重要的经济价值。牡蛎、蚶子、蛏子、贻贝、红螺等，都是味美闻名的食用贝类。市场上经常出售的墨斗鱼（乌贼）和鱿鱼，并不是鱼而是软体动物。有些软体动物是寄生虫病的传播者，例如钉螺就是血吸虫的中间寄主。因此，消灭血吸虫的关键在于灭钉螺。

海参、海星、海胆这一类群属于棘皮动物。棘皮动物除了有一定的经济价值之外，在血统关系上和"脊椎动物"有着密切的联系。

动物界中种数首屈一指的是由环节动物进化而来的节肢动物。它们的附肢分节，体外有几丁质的外壳，神经系统已进一步集中成为发达的脑神经节和一条腹神经链。节肢动物中有以虾、蟹为代表的甲壳类，以蜘蛛为代表的蛛形类，以蜈蚣为代表的多足类和以蜜蜂为代表的昆虫类。昆虫类是地球上最繁盛的动物，约有 100 万种，种数超过了其他动物的总和。

昆虫和人类有着极密切的关系。益虫的利用和害虫的防治是人类征服自然的一个重要课题。

我国劳动人民很早就已知道养蚕缫丝。我国考古学工作者在山西省夏县发掘出来的新石器时代的遗址里，找到半个人工割裂的蚕茧，由此可以推测蚕丝的利用距今至少已有 4000～5000 年的历史。养蜂取蜜也是我们祖先最早的发明，远在 2400 年前，我国古书中就记载了有关采蜜及收蜂的方法。此外，白蜡虫、紫胶虫、五倍子、蚜虫等提供工业原料的益虫，我国劳动人民也早已利用了。

建国前，我国常由于虫灾而造成"赤地千里"的惨景。特别是蝗虫为害更为严重，它和水灾、旱灾一起，给劳动人民带来了深重的灾难。在历史上，相信"天命论"的儒家认为蝗虫是天降的灾难，不敢并且反对灭蝗；而广大劳动人民和有进步思想的法家则敢于斗争，取得辉煌的战果。例如唐代在山东地区的一次蝗灾中，群众捕打的蝗虫就有 900 万石之多。

建国后我国展开了大规模的群众性的治虫运动，严重危害农作物的害虫已得到控制或消灭。

近年来我国开展了"以虫治虫"的工作，如利用瓢虫消灭柑橘树上的介壳虫，利用金小蜂防治红铃虫等。在利用细菌治虫、利用昆虫激素治虫方面，也取得了进展。这种有利于环境保护的"生物防治法"，有着广阔的发展前途。

脊椎骨的出现

在距今约 5 亿年的奥陶纪时，从无脊椎动物中进化出最早的"脊椎动物"。脊椎动物最明显的特征是身体背部有 1 根脊梁骨（脊柱），它是由一节节脊椎骨连成的，相当于支撑身体的一根大梁。脊椎动物的另一特征是神经系统高度发达和集中，在脊柱的背面，包着 1 条柔软的脊髓，向前膨大成脑，这就是神经中枢。

脊椎动物与无脊椎动物之间的区别很大，二者之间有没有什么中间类型能把它们联系起来呢？恰好有这样一些现代生存的低等脊索动物填补了无脊椎动物和脊椎动物之间的过渡地位。其中，文昌鱼就是著名的代表。

文昌鱼是一种半透明的鱼形动物，长约 4～5 厘米，在我国厦门、青岛等地海边浅水泥沙中都可采到。文昌鱼其实还不是鱼，它没有脊椎骨，而有一条纵贯全身的脊索作为支柱，这条支柱代表了脊椎骨的先驱。可以说，从文昌鱼中我们看到了 5 亿年前脊椎动物祖先的模

脊椎动物

样。无怪乎，当19世纪60年代关于文昌鱼地位的研究发表之后，达尔文就认为："这是最伟大的发现，提供了揭发脊椎动物起源的钥匙。"

常见的鱼、蛙、蛇、鸟、兽全有脊椎骨，都是脊椎动物。在分类上，脊椎动物包括6类：圆口类、鱼类、两栖类、爬行类、鸟类和哺乳类。

鱼类的口有了能活动的上、下颌，能主动地捕咬食物。上、下颌的出现在脊椎动物进化史上是很重要的。此外，鱼类有了成对的胸鳍和腹鳍，还有发达的尾鳍，这样就加强了游泳能力，扩大了活动的范围。

鱼类在奥陶纪时已经出现，到了距今4亿多年前的志留纪时开始繁盛起来，直到泥盆纪末期，鱼类是当时地球上最高等的动物。

现代生存的鱼类分为软骨鱼和硬骨鱼两类。鲨鱼是软骨鱼的代表，它以凶猛而闻名，对于在海边游泳的人是一个很大的威胁。鲨鱼的肝脏含油很多，是提制鱼肝油的重要原料。大多数食用鱼类全是硬骨鱼。我国著名的淡水养殖鱼有青鱼、草鱼、鲢、鳙等，带鱼和黄花鱼则是市场上最常见的海产鱼。

从水到陆——两栖动物

2000多年前，就有人认为：人是由鱼变成的，动物是从水中到陆地上来的。

我们和鱼类有亲戚关系吗？这个问题初一听有些荒唐，但细说起来，人类的远祖还真是古代的鱼类哩！从鱼到人是个漫长的进化过程。从最早的鱼类开始，经过两栖类、爬行类、原始哺乳类几个阶段，到人类的出现，经历了大约5亿年的时间。在这个过程中，"从水到陆"是一个重要的转折点。

鱼类是怎样发展上陆的呢？为了容易理解这个问题，我们首先从青蛙的发育谈起。

青蛙的受精卵孵化后，先变成蝌蚪。蝌蚪像鱼一样，在水中用尾游泳，用鳃呼吸。后来蝌蚪开始"变态"：前后肢慢慢地长出来，尾巴渐渐萎缩

从水到陆——两栖动物

消失；由鳃呼吸转变为肺呼吸。最后，小蛙跳上了陆地。青蛙一生的变化，有助于我们了解最初上陆地的动物的身体结构是如何改造的，也反映了它们的祖先是从鱼类进化来的。恩格斯曾经指出："有机体的胚胎向成熟的有机体的逐步发育同植物和动物在地球历史上相继出现的次序之间有特殊的吻合。正是这种吻合为进化论提供了最可靠的根据。"

然而，最早登陆的先驱究竟是哪种鱼呢？这就要借助于岩石中的直接证据——化石。

3亿多年前泥盆纪地层中的总鳍鱼化石，引起了人们的注意：它们的胸鳍和腹鳍的骨骼排列方式和陆生动物的四肢的骨骼基本相同，这种强有力的鳍便于在陆地上支撑和移动身体。此外，总鳍鱼能用鳔直接呼吸空气。这样，它们就具备了上陆的两个重要条件。

泥盆纪后期，气候温暖，有些地区由于植物的腐烂、水中缺氧，不适于鱼类生活。而总鳍鱼则可以爬上陆地直接呼吸空气。世世代代传下去，它们的胸鳍和腹鳍转变成为4肢；鳃退化了，肺发达起来。最后形成了新的类群：两栖类。

长期以来，人们一直认为总鳍鱼早已绝灭了。可是30多年前，在南非东海岸竟捕捞到第一条活着的总鳍鱼，引起了轰动，人们称之为"活化石"。显然，这是总鳍鱼转移到海洋的一支后裔，一直生存到现在。据最近的报道，这类总鳍鱼已捕捞到70余条。

随着蕨类植物之后，两栖类在陆地上大大发展起来。石炭纪和二叠纪是两栖类的黄金时代。

两栖类是由水生到陆生的过渡类群。像青蛙和癞蛤蟆，虽然已具备了一些陆生的条件，但在生殖产卵时还必须下水。因此，在沙漠里简直找不到两栖类的踪迹。

爬行类的兴衰史

人们习惯于把爬行类叫做"爬虫"，像龟、鳖、壁虎、蛇都是人们熟悉的。鳄鱼虽然名为鱼，其实也是爬行类。

爬行类是真正的陆生动物。不但它们的身体结构适应于陆地生活，而且它们能在陆地上产卵，生殖和发育也完全摆脱了对水生环境的依赖。就连平时生活在海洋里的海龟，到了生殖时期，还是成群结队地爬到沙滩上来产卵。

爬行动物的卵叫"羊膜卵"，这种卵在发育时有羊膜和羊水包围着胚胎，实际上相当于使胚胎处在一个专用的小水池中，保护着胚胎免于干燥和各种机械损伤。羊膜卵的出现是脊椎动物进化史上一个大的跃进。

爬行类是从古代两栖类的一支进化来的，后来取代了两栖类，成为当时地球上的主人。古生物学中把古代生存过而现在已经绝灭了的爬行类叫做"龙"。化石材料证明，在距今2亿多年到7000万年前的中生代，地球上简直是"龙"的世界：海里有鱼龙，空中有翼龙，陆地上和河湖沼泽中有各式各样的恐龙。我国发现了不少的恐龙化石，像云南的禄丰龙、四川的马门溪龙、山东的鸭嘴龙等。世界上最大的恐龙体重有5万千克，就是说比现代陆地上最大的动物——象——还要重10倍。

中生代末期，地球上发生了剧烈的变动。随着地形、气候的改变，植物界中的裸子植物为被子植物取代了。恐龙不能适应这种急剧的变化，竞争不过新兴的哺乳动物，因而逐步走向灭亡。到了7000万年前，这些显赫一时的庞然大物终于退出了历史舞台。

我们这里所讲的恐龙，和神话里的"龙"完全是两码事，应该区别开。

我国古代一直流传着"龙"的神话，把"龙"描绘得能腾云驾雾、呼风唤雨。其实神话里的"龙"是根本不存在的，那只是人们对一些自然现象不能作出科学解释时的主观幻想。后来儒家通过宣扬"谶纬"迷信，故意把"龙"的形象加以夸大，把封建地主的头子——皇帝打扮成"真龙天子"，用来欺骗人民。

恒温动物的出现

前面讲的，从原生动物直到爬行类都是变温（冷血）动物，它们的体温随外界环境而变化。只有鸟类和哺乳类才是恒温（温血）动物，它们有较高而稳定的体温，减少了对外界温度条件的依赖性，从而扩大了在地球上的分布范围。

鸟类是由早期爬行类的一支进化而来的。最早的鸟类化石就是世界闻名的始祖鸟。1861年在德国的侏罗纪地层里，发现了第一个始祖鸟化石。身体大小像乌鸦，不但骨骼齐全，而且还有清楚的羽毛印痕。始祖鸟代表爬行类过渡到鸟类的一个中间环节。它一方面像爬行类，有一根连骨带肉的长尾巴，有牙齿，前肢三指彼此分离而且都有爪；另一方面，从它全身长着羽毛、前肢已变成翅膀来看，显然已经是鸟类了。

始祖鸟化石在生物进化上是关键性的材料。在恩格斯的著作中不止一次地提到它，称之为"用四肢行走的鸟"。据最近资料，这种珍贵的始祖鸟化石总共已发现有 5 个标本了。由早期爬行类的另一支发展出哺乳类（兽类）。

有人说："凡是有四条腿，在地上走的全是兽。"这种说法不够确切。因为天上飞的蝙蝠，虽然有翅膀，但不是鸟而是兽；

恒温动物

水里游泳的鲸，虽然被称为鲸鱼，其实不是鱼，也是兽。哺乳动物的特点是多种多样的：身上有毛，有汗腺，牙齿有分化，恒温，有发达的大脑；此外，还有 2 条更重要的特征：胎生和哺乳。

哺乳类的母兽是直接下崽的，并且有胎盘的形成。胚胎在发育时通过胎盘吸取母体血液中的养料和氧，同时把代谢的废物送入母体。有些蛇和鱼也是直接生小蛇和小鱼的，但不形成胎盘，和哺乳类仍有区别，我们称之为"卵胎生"。

母兽用乳腺分泌的乳汁来哺养幼崽，这是兽类特有的现象，兽类正因此而名为"哺乳类"。蝙蝠虽然像鸟，鲸虽然似鱼，但它们都是胎生和哺乳的，所以都是兽类。

由卵生到胎生有个进化过程。最低等的哺乳动物——单孔类——就不是胎生而是卵生的。恩格斯在讲到进化的观点时曾这样写："自从按进化论的观点来从事生物学的研究以来，有机界领域内固定的分类界线一一消失了；……我们现在知道有孵卵的哺乳动物。"这里所说的"孵卵的哺乳动物"，指的就是单孔类。

单孔类中最闻名的代表是生活在澳洲的鸭嘴兽。人们直到 19 世纪才发现，原来这个扁嘴的小兽竟是生蛋的！它每窝产蛋 2 个，孵化出来的小兽也是靠吃奶长大。鸭嘴兽代表着从爬行类到哺乳类的过渡阶段，是最珍贵的"活化石"。可惜的是，这种奇特的动物已面临绝种的危险了。

在1亿多年中，哺乳类分化出许多分枝：有食虫类（如刺猬）、食肉类（如虎）、食草类（如马）；有空中飞行的翼手类（如蝙蝠）；有水中游泳的鲸类和海豹类；有入地穴居的鼠类；还有主要生活在树上的灵长类（如猴、猩猩）。

人类就是由灵长类中的古代类人猿进化而来的。随着人类的出现，地球的历史就从生物史进入到人类史的新纪元。

叶绿体

叶绿体：绿色植物体中含有叶绿素等用来进行光合作用的细胞器，是一种质体。叶绿体有圆形、卵圆形或盘形3种形态。叶绿体含有叶绿素a、b而呈绿色，叶绿素a、b的功能是吸收光能，通过光合作用将光能转变成化学能。叶绿体扁球状，厚约2.5微米，直径约5微米。具双层膜，内有间质，间质中含呈溶解状态的酶和片层。

生物进化的地质年代

众所周知，地球上生命的进化是一个漫长的过程。现在人们把地球上生物的进化分为5个时期，分别为太古代、元古代、古生代、中生代和新生代。有些代还进一步划分为若干"纪"，如古生代从远到近划分为寒武纪、奥陶纪、志留纪、泥盆纪、石炭纪和二叠纪；中生代划分为三叠纪、侏罗纪和白垩纪；新生代划分为第三纪和第四纪。这就是地球历史时期的最粗略的划分，我们称之为"地质年代"，不同的地质年代有不同的特征。距今24亿年以前的太古代，地球表面已经形成了原始的岩石圈、水圈和大气圈。但那时地壳很不稳定，火山活动频繁，岩浆四处横溢，海洋面积广大，陆地上尽是些秃山。这时是铁矿形成的重要时代，最低等的原始生命也在这时开始产生。

太古代是最古老的地史时期。从生物界看,这是原始生命出现及生物演化的初级阶段,当时只有数量不多的原核生物,它们只留下了极少的化石记录。从非生物界看,太古代是一个地壳薄、地热梯度陡、火山—岩浆活动强烈而频繁、岩层普遍遭受变形与变质、大气圈与水圈都缺少自由氧、形成一系列特殊沉积物的时期;也是一个硅铝质地壳形成并不断增长的时期,又是一个重要的成矿时期。

距今 24 亿~6 亿年的元古代。该时代的地球上大部分仍然被海洋覆盖着。到了晚期,地球上出现了大片陆地。"元古代"的意思,就是原始生物的时代,这时出现了海生藻类和海洋无脊椎动物。元古代初期,地表也已出现了一些范围较广、厚度较大、相对稳定的大陆板块。因此,在岩石圈构造方面元古代比太古代显示了较为稳定的特点。早在元古代晚期,

叠层石示意图

大气圈已含有了自由氧,而且随着植物的日益繁盛与光合作用的不断加强,大气圈的含氧量继续增加。元古代的中晚期藻类植物已十分繁盛,明显区别于太古代。元古代后期从生物的进化看,这一时期因含有无硬壳的后生动物化石,而与不含可靠动物化石的元古界有了重要的区别;但与富含具有壳体的动物化石的寒武纪相比,震旦系所含的化石不仅种类单调、数量很少而且分布十分有限。因此,还不能利用其中的动物化石进行有效的生物地层工作。震旦纪生物界最突出的特征是后期出现了种类较多的无硬壳后生动物,末期又出现少量小型具有壳体的动物。高级藻类进一步繁盛,微体古植物出现了一些新类型,叠层石在这一时期趋于繁盛,后期数量和种类都突然下降。再从岩石圈的构造状况来看,已经出现几个大型的、相对稳定的大陆板块,之上已经是典型的盖层沉积,与古生界相似。

距今 6 亿~2.5 亿年是古生代。"古生代"意思是古老生命的时代。这

时，海洋中出现了几千种动物，海洋无脊椎动物空前繁盛。以后出现了鱼形动物，鱼类大批繁殖起来。一种用鳍爬行的鱼出现了，并登上陆地，成为陆上脊椎动物的祖先。两栖类也出现了。北半球陆地上出现了蕨类植物，有的高达30多米。这些高大茂密的森林，后来变成大片的煤田。

古生代开始——藻类和无脊椎动物时代。寒武纪是生物界第一次大发展的时期，当时出现了丰富多样且比较高级的海生无脊椎动物，保存了大量的化石，从而有可能研究当时生物界的状况，并能够利用生物地层学方法来划分和对比地层，进而研究有机界和无机界比较完整的发展历史。

三叶虫示意图

奥陶纪是古生代的第二个纪，开始于距今5亿年，延续了6500万年。奥陶纪的生物界较寒武纪更为繁盛，海生无脊椎动物空前发展，其中以笔石、三叶虫、鹦鹉螺类和腕足类最为重要，腔肠动物中的珊瑚、层孔虫，棘皮动物中的海林檎、海百合，节肢动物中的介形虫，苔藓动物等也开始大量出现。

奥陶纪中期，在北美落基山脉地区出现了原始脊椎动物异甲鱼类——星甲鱼和显褶鱼，在南半球的澳大利亚也出现了异甲鱼类。而植物仍以海生藻类为主。

志留纪是古生代的最后一个纪。志留纪的生物面貌与奥陶纪相比，有了进一步的发展和变化。海生无脊椎动物在志留纪时仍占重要地位，但各门类的种属更替和内部组分都有所变化。如腕足动物内部的构造变得比较复杂，如五房贝目、石燕贝目、小嘴贝目得到了发展；软体动物中头足纲、鹦鹉螺类显著减少，而双壳纲、腹足纲则逐步发展；三叶虫开始衰退，但蛛形目和介形目大量发展；节肢动物中的板足鲎（也称"海蝎"）在晚志留纪海洋中广泛分布；珊瑚纲进一步繁盛；棘皮动物中海林檎类大减，海百合类在志留纪大量出现。

泥盆纪是晚古生代的第一个纪，开始于距今4.1亿年，延续了约5500万年。泥盆纪古地理面貌较早古生代有了巨大的改变。表现为陆地面积的扩大，陆相地层的发育，生物界的面貌也发生了巨大的变革。陆生植物、鱼形动物空前发展，两栖动物开始出现，无脊椎动物的成分也显著改变。

而石炭纪时陆地面积则不断增加，陆生生物空前发展。当时气候温暖、湿润，沼泽遍布，大陆上出现了大规模的森林，给煤的形成创造了有利条件。

石炭纪又是地壳运动非常活跃的时期，因而古地理的面貌有着极大的变化。这个时期气候分异现象又十分明显，北方古大陆为温暖潮湿的聚煤区，冈瓦纳大陆却为寒冷的大陆冰川沉积环境。气候分带导致了动植物地理分区的形成。

二叠纪，是晚古生代的最后一个纪，也是重要的成煤期。二叠纪开始于距今约 2.95 亿年，延至距今 2.5 亿年，共经历了 4500 万年。二叠纪的地壳运动比较活跃，古板块间的相对运动加剧，世界范围内的许多地槽封闭并陆续地形成褶皱山系，古板块间逐渐拼接形成联合古大陆（泛大陆）。陆地面积的进一步扩大，海洋范围的缩小，自然地理环境的变化，促进了生物界的重要演化，预示着生物发展史上一个新时期的到来。

距今 2.5 亿~0.7 亿年的中生代，历时约 1.8 亿年。这是爬行动物的时代，恐龙曾经称霸一时，这时也出现了原始的哺乳动物和鸟类。蕨类植物日趋衰落，而被裸子植物所取代。中生代繁茂的植物和巨大的动物，后来就变成了许多巨大的煤田和油田。中生代还形成了许多金属矿藏。

三叠纪是中生代的第一个纪。海西运动以后，许多地槽转化为山系，陆地面积扩大，地台区产生了一些内陆盆地。这种新的古地理条件导致沉积相及生物界的变化。从三叠纪起，陆相沉积在世界各地，尤其在中国及亚洲其他地区都有大量分布。古气候方面，三叠纪初期继承了二叠纪末期干旱的特点；到中晚期之后，气候向湿热过渡，由此出现了红色岩层含煤沉积、旱生性植物向湿热性植物发展的现象。植物地理区也同时发生了分异。

生物变革方面，陆生爬行动物比二叠纪有了明显的发展。古老类型的代表基本绝灭，新类型大量出现，并有一部分转移到海中生活。原始哺乳动物在三叠纪末期也出现了。由于陆地面积的扩大，淡水无脊椎动物发展很快，海生无脊椎动物的面貌也为之一新。菊石、双壳类、有孔虫成为划分与对比地层的重要门类，而珊瑚则完全绝灭。爬行动物在三叠纪崛起。

侏罗纪是中生代的第二个纪，生物发展史上出现了一些重要事件，引人

菊石示意图

注意。如恐龙成为陆地的统治者、翼龙类和鸟类出现，哺乳动物开始发展等。陆生的裸子植物发展到极盛期。淡水无脊椎动物的双壳类、腹足类、叶肢介、介形虫及昆虫迅速发展。海生的菊石、双壳类、箭石仍为重要成员，六射珊瑚从三叠纪到侏罗纪的变化很小。棘皮动物的海胆自侏罗纪开始占领了重要地位。

　　白垩纪是中生代的最后一个纪，无论是无机界还是有机界在白垩纪都经历了重要变革。剧烈的地壳运动和海陆变迁，导致了白垩纪生物界的巨大变化，中生代许多盛行和占优势的门类（如裸子植物、爬行动物、菊石和箭石等）后期相继衰落和绝灭，新兴的被子植物、鸟类、哺乳动物及腹足类、双壳类等都有所发展。爬行类从晚侏罗纪至早白垩纪达到极盛，继续占领着海、陆、空。鸟类继续进化，其特征不断接近现代鸟类。哺乳类

翼手龙示意图

略有发展，出现了有袋类和原始有胎盘的真兽类。鱼类已完全以真骨鱼类为主。

　　地球历史的中生代，被称为"裸子植物时代"。但是，在真正的陆生植物——裸子植物——兴盛的时候，真正的陆生脊椎动物——爬行动物——也发展起来了。因此，从动物的角度来看，中生代可称为"爬行动物时代"。爬行动物到中生代成了当时最繁荣昌盛的脊椎动物，它们形态各异，各成系统，霸占一方，到处是"龙"的天下。向海洋发展的，如鱼龙；向天空发展的，如飞龙；向陆地发展的，如各式各样的恐龙。2亿多年前的三叠纪早期以后，有些陆生爬行动物又返回海洋，先后形成了各具特色的鱼龙、蛇颈龙等，其

中，一些还是当时海洋中显赫一时的大动物。爬行类由爬行到飞行的种类也不少，如喙嘴龙、翼手龙等。上天不容易，由爬行到飞行不是一下子形成的，而是经过了漫长的岁月，是一代代有利于飞行的变异积累的结果。

新生代是地球历史上最新的一个阶段，时间最短，距今只有7000万年左右。这时，地球的面貌已同今天的状况基本相似了。新生代被子植物大发展，各种食草、食肉的哺乳动物空前繁盛。自然界生物的大发展，最终导致人类的出现，古猿逐渐演化成现代人，一般认为，人类是第四纪出现的，距今约有240万年的历史。

 知识点

原核生物

原核生物：由原核细胞（细胞内遗传物质没有膜包围的一大类细胞）构成的生物。包括蓝细菌、细菌、古细菌、放线菌、立克次氏体、螺旋体、支原体和衣原体等。与古核生物、真核生物并列构成现今生物三大进化谱系。

原核生物极小，用肉眼看不到，须在显微镜下观察。多数原核生物为水生，它们能在水下进行有氧呼吸，是地球上最初产生的单细胞动物。

远古五次物种大灭绝

在生物进化的过程中，曾经出现了5次物种大灭绝的现象。起初人们把这种现象解释为：因为太阳有颗姐妹星，名曰"复仇女神"，太阳与她以2600万年的周期相互围绕旋转，也就是说每隔2600万年"复仇女神"要经过一次由数十亿颗彗星组成的奥特星云，此时就会把一颗甚至几颗彗星赶出正常轨道冲击

彗星示意图

地球，即所谓的"彗星轰击"灾变。

在神话故事中，关于复仇女神的起源有两种说法，一说是天神乌拉纳斯（最早的至上神，天的化身，大地女神的丈夫）被阉割后的鲜血生成的，一说是大地之神盖亚与风神的女儿。有时又被称为欧墨尼得斯，意思是"仁慈的人"，因为希腊人对于复仇女神十分敬畏，认为直接说出她们的名字会给自己带来厄运。她们是服务于地府神的复仇女神，她们不仅在阴间，也在阳间惩罚一切冤屈和过错。

现在我们知道这种说法是十分荒谬的。那么究竟这 5 次物种大灭绝是什么原因造成的呢？

要想找到物种大灭绝的真正原因，就必须站在地球演化的高度，从中找出有规律性的东西来。根据地球膨裂说得出的地球演化史来看，46 亿年前太阳因燃烧而发生爆炸，飞出许多熔融的火球，地球就是其中之一。40 亿年前，由于地球逐渐冷却，岩石圈形成。39 亿年前，空气中的水蒸气凝结成水珠，降回地表形成海洋，这时的海洋覆盖着整个地球，深度达 1.2 万米。38 亿年前，生命在海洋中诞生。6 亿年前，发生了寒武纪生命大爆发。地球从寒武纪到白垩纪共发生了 11 次大的膨裂，其中 5 次形成了大的造山运动，每次造山运动都使海洋从大陆上退却，造成了物种的大量灭绝。这 5 次大的物种灭绝每次都与造山运动形成的时间惊人的相同。这 5 次大灭绝的物种中都有海洋生物，每次都与海退、大陆面积增加、大陆架减少、海平面下降有关。这足以说明地球膨裂，形成造山运动，使海水从大陆上退却是造成物种大灭绝的真正原因。证据有以下几点：

（1）5 次造山运动与 5 次物种灭绝的时间惊人的相同。寒武纪以来的第一次造山运动是加里东运动，寒武纪以来的第二次造山运动是海西运动；第三次造山运动是印支运动；第四次造山运动是燕山运动；第五次造山运动是喜马拉雅运动，这和第五次物种灭绝的时间（6500 万年前）完全相同。

（2）5 次大灭绝物种的生存方式。由于地球发生膨裂，使海水从陆地上逐步退却，一些浅海变成了陆地，原先生活在这些浅海地区的海洋浮游生物、海洋底栖生物的生存方式适应不了陆地环境而灭绝了。由于海退，沼泽和浅水湖干涸了，一些生活在沼泽和浅水湖地带的两栖类和爬行类消亡了。这些灭亡的物种都是些浅海、底栖、固着、不能主动寻找食物、体形庞大、喜欢水环境的物种。奥陶纪末第一次灭绝的物种主要是生活在水体的各种无脊椎动物, 这次灭绝中死去的大多数为原始海洋生物。当海水从陆地上退出, 这些生活在海洋表面或靠近水面、固着在海底的生物, 由于适应不了陆地生存环境而难逃死亡的噩运。

泥盆纪末 3.65 亿年前第二次灭绝的物种主要是许多鱼类和海洋无脊椎动物。这次灭绝的主要是一些原始鱼类, 它们适应新环境的能力很差。当海水退去, 这些原始鱼类因适应不了新的环境而退出了历史舞台。

二叠纪末 2.5 亿年前第三次灭绝的物种主要是海百合、腕足动物、苔藓虫组成的表生、固着生物、两栖类和爬行类。当海水从陆地上退出, 这些被动摄食、固着海底的生物由于适应不了变化了的环境而被那些可移动、主动摄食的生物取代了。两栖类的卵和幼年期仍生活在水中, 它们还不能远离水边, 扩散的范围很小, 一旦海水退去, 这些两栖类必然会走向灭亡。

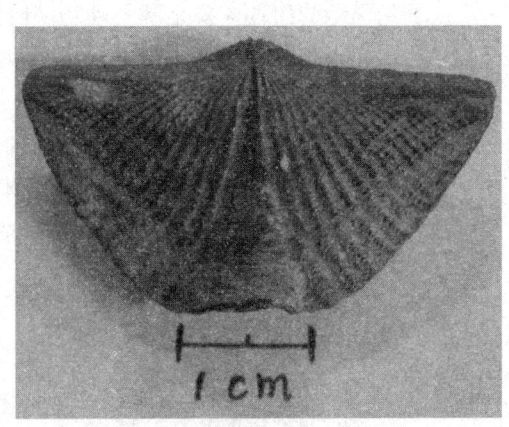

腕足动物示意图

三叠纪末 2.05 亿年前第四次灭绝的物种主要是海洋生物、古生代的主要植物群。由于蕨类植物生活在水边, 当海水退去, 土地变得干旱, 这些蕨类植物因适应不了这种干旱环境而被裸子植物所取代。

白垩纪末 6500 万年前第五次灭绝的物种主要是裸子植物、恐龙等爬行动物、菊石等。裸子植物生长在湿润地区; 恐龙生活在沼泽和浅水湖地带; 翼龙生活在岸边的悬崖上。一旦海水退去, 这些依赖水环境生存的生物必然会遭到灭顶之灾。

(3) 5 次大灭绝物种的生殖方式。那些生活在浅海、滨海地区, 不论是无性生殖还是有性生殖的生物, 它们的生殖方式均离不开水环境。一旦离开了水环境, 这些物种就不能进行生殖。因为地球发生膨裂, 海水从陆地上逐步退却, 浅海变成了陆地, 这些物种没有了生殖的水环境, 所以走向灭绝成为了必然。

在奥陶纪灭绝的生物是生活在水中的各种无脊椎动物。它们生活在海洋表面或靠近水面，它们的繁殖也在海洋表面进行。当海水退去，浅海变成陆地的时候，这些在浅海中进行繁殖的无脊椎动物，由于不能在陆地上进行繁殖而灭绝了。

泥盆纪灭绝的主要是鱼类和无脊椎动物。鱼类主要在浅海中进行卵生繁殖，当海水退去，由于这些鱼类不能在陆地上进行产卵受精而退出历史舞台。

二叠纪灭绝的物种主要是腕足动物、两栖类和爬行类。两栖类的卵和幼年期仍生活在水中，一旦海水退去，这些两栖类由于不能在水中产卵、幼年期不能在水中生活而消亡。

三叠纪灭绝的物种主要是海洋生物和古代蕨类。蕨类植物的配子体独立生活，在水的帮助下受精形成合子，配子体没有水不能受精。当海水退去，气候变得干旱的情况下，由于蕨类植物不能进行正常受精而被裸子植物所取代。

恐龙蛋示意图

白垩纪灭绝的物种主要是裸子植物、恐龙等爬行动物、菊石、箭石等。恐龙下蛋后，用土埋上，靠阳光孵化。恐龙蛋的孵化，一靠温度，二靠湿度。温度过高，胚胎发育过于迅速，胚胎死亡增加；湿度过低，将加速蛋内水分蒸发，造成失水过多，引起胚胎和壳膜粘连而导致胚胎死亡。由于海水退去，气候变得干燥，气温升高，土地干旱，土壤的湿度下降，造成恐龙蛋不能正常孵化，最终导致恐龙灭绝。裸子植物的胚珠和种子是裸露的。由于气候干燥，裸露的种子很快被晒干而失去发芽能力，裸子植物最终被种子由果实包裹的能在干旱条件下繁殖的被子植物所取代。

裸子植物

裸子植物：种子植物中较低级的一类。具有颈卵器（雌性生殖器官，产生卵细胞、受精及原胚发育的场所），既属颈卵器植物，又是能产生种子的种子植物。它们的胚珠外面没有子房壁包被，不形成果皮，种子是裸露的，故称裸子植物。最初的裸子植物出现在古生代，在中生代至新生代它们是遍布各大陆的主要植物。现代生存的裸子植物有不少种类出现于第三纪，后又经过冰川时期而保留下来，并繁衍至今的。裸子植物是地球上最早用种子进行有性繁殖的，在此之前出现的藻类和蕨类则都是以孢子进行有性生殖的。

原始人类的三个发展阶段

科学研究表明，原始人类发展大致上可分3个阶段：

能人时期

能人，是指有能力的人。能人时期是原始人类发展的第一阶段，也是人脱离古猿祖先最初的阶段，相当于地质历史的第四纪初期，距今约190万年。这时的人已初步学会制造和使用工具，具有了人的性质。

现在发现的能人化石主要在非洲坦桑尼亚奥尔杜威峡谷。在我国云南省元谋县、河北省阳原县的泥河湾等地也发现了更新世早期的人类化石或石器。

能人时期的人类

从已发现的能人化石来判断，能人吻部突出，没有下颏，头盖低平，额向后倾，外貌很像猿，但脑量可达650立方厘米，比现代猿高。他们的眉

骨嵴不甚发达，牙齿的构造和排列方式等和人接近；髋骨和肢骨也与人相似，表明已能直立行走，但不如现代人那样完善，身体还有些前倾，在迈步行走时，步态稍为笨拙。在发现能人的地层中，同时发现有石器和使用过的兽骨，说明他们已能制造简单的工具。从当时沉积的性质和伴生动物群来看，他们生活在一种空旷的原野里，以狩猎为生。

直立人时期

直立人，指的是具有比能人更接近现代人的特征。例如，他们的身材增高，脑量增大，面部和牙齿相对地较小，行为活动更为复杂，已能完全用两足直立行为。但这种人眉嵴粗壮，嘴部突出，仍带有一些原始性质，所以也叫猿人。直立人大体生活在距今 50 万年前后的更新世中期。

目前发现的直立人化石有：我国的北京人、蓝田人以及印度尼西亚的爪哇人；欧洲的海德堡人；阿尔及利亚的毛里坦人及非洲的舍利人等。下面我们以北京人为例，说明这一时期的特点。

北京人也叫北京猿人，第一个完整的头盖骨化石是 1929 年在北京西南 54 千米周口店的山洞内发现的。从发现的全部材料来看，约属于 40 个个体。

北京猿人头骨的主要特点是：头骨的最宽处在左右耳孔稍上处，向上则逐渐变小，而现代人的头骨最宽处则在较高的位置。北京猿人头骨的高度比现代人小，额向后倾斜。平均脑量为 1075 立方厘米，而现代人平均为 1350 立方厘米。左右两眉嵴比较粗壮而向前突出，且左右相连，在眼眶上方呈屋檐状。颅顶正中有明显的矢状脊，后部有很发达的枕骨圆枕。另外，北京猿人的头骨厚度比现代人几乎厚 1 倍。

北京猿人的牙齿，无论齿冠或齿根，都比现代人粗大，表现了原始的特征。从北京猿人头骨和牙齿的特征来看，介于现代人与现代猿之间。

另外，北京猿人的肢骨，虽然发现的材料不多，不过由肢骨的情况证明（由股骨脊的存在和肱骨短于股骨的事实）北京猿人已能直立行走。根

北京猿人

据股骨的计算，北京猿人男性身长 162 厘米、女性为 152 厘米左右，相当于现代华北人的中等身材。

从已发现的遗迹来看，北京猿人已经学会使用和制造简单的石器，其中大部分是未经修制加工的。由石器的形状来看，可以分为石斧、锤形器、尖状器、刮削器等。这些石器可用来狩猎、杀戮、切割食品之用。另外，北京猿人也开始使用骨器。在北京猿人住的洞穴中，发现有火的痕迹，说明北京猿人已能用火。至于火的来源迄今还不清楚。不过猿人能够用火有很大的意义。因为火可以使人们熟食，缩短消化过程，并且可以防寒，在洞口燃烧火堆还可以惊避野兽。

另外，由猿人洞穴中所发现的灰烬堆积、兽骨残物以及成千的石器工具，说明猿人的生产活动以采集植物为主，狩猎为辅；社会组织还很原始，叫原始群；社会成员间关系仍较松散，没有发现对死者进行埋葬的迹象。

智人时期

智人是人类发展的第三阶段，比猿人更接近于现代人。智人可分为早期智人和晚期智人。

早期智人也叫古人，出现在第四纪的中期，距今约 20 万~30 万年。人类演变到这个时期已经失去了大部分像"猿"的特征（如眉骨隆起，嘴部前伸等），而发展到现代人的样子。这种人类广泛分布于旧大陆的大部分地区。首次发现是欧洲的尼安德特人。以后，相似的类型也相继在世界各地发现。在我国发现的有广东的马

广东的马坝人示意图

坝人、湖北的长阳人、山西的丁村人等。下面以尼安德特人为例说明早期智人的特点。

尼安德特人是 1856 年在德国尼安德特山谷中发现的。当时出土 1 具骨骼，连同头骨共 14 块。这种人以后在世界各地都有发现。

从现有的化石断定，尼安德特人比现代人矮，身体粗笨。他们已失去了猿类的大部分特征，而具有了人的特征。例如，尼安德特人的脑量不比现代人小，脸的下部不像能人、猿人倾斜突出。不过，他们的头盖骨还比较原始，额部仍较低平，眉嵴不太低，下颚的颏部尚未凸起等。

从所发现的石器来看，已具有了初步加工的磨制工具。工具的种类不仅有石器，而且有骨器，可供砍、切、削、刮、凿、穿、割等工作之用。工具的精致程度比以前更前进了一步。

由化石的情况推知，尼安德特人阶段仍过着群居狩猎生活，身穿兽皮，并知道了用火。这时可能已产生了埋葬死者的习惯，迷信思想可能开始萌芽。这一时期可能由原始群居过渡到氏族制度阶段，氏族制度正在萌芽。

晚期智人也叫新人。这种人生活在第四纪末，距今 10 万年左右。人类演变到这个时期，体质形态完全与人相似了。但是这种人目前已经绝灭了。他们只以化石的形式在地层中保留下来。

克鲁马努人是 1868 年在德国西南部克鲁马努地方发现的。这种人在各地出土的头骨和体骨很多，约有 100 余件。从发现的化石来看，克鲁马努人的体质结构基本上和现代人相似。此时的人肩宽胸厚，四肢灵活，头部额高而弯，头顶宽大，没有脸部斜出的现象。根据上下腿骨长短的情况可知，克鲁马努人行走迅速，动作灵活，完全不像拙笨的尼安德特人。克鲁马努人的劳动工具有石器和骨器，其精致程度也比以前更进步。在雕刻绘画方面也有所发展。他们虽然过着狩猎的生活，合群能力更强。通常住在洞穴中，有时也住在平原上。

山顶洞人头盖骨示意图

山顶洞人是 1933 年在周口店龙骨山上的山顶洞内发现的。计有 7 个个体的骨骼，其中有 3 个完整的头骨。这些化石也和建国前发现的北京猿人化石一样，都被当时美国侵略者掠夺去了。据地层的研究，估计山顶洞人距今约 5 万年, 比克鲁马努人稍晚。在山顶洞人居住的场所, 我们发现许多石器, 其中最珍贵的是 1 枚骨针, 针长 22 厘米, 由刮削和磨制而成。骨针的发现说明他们已经具有缝纫的能力。另外, 在洞穴内发现许多装饰品, 如石珠、钻孔的石坠、穿孔的牙齿等。表明了物质生活的发展, 推动了精神生活的发展, 山顶洞人已有了一定的文化。他们已学会磨制石珠、在石坠上钻孔、染色的技术等。这时埋葬死者的办法比以前更加复杂, 反映出人类社会进入了母系氏族公社时期。

新人分布在世界各处。由于他们所处的环境条件不同, 如地带、气候、湿度、阳光等方面的差异, 于是形成了现在世界上各色各样的种族。

蓝田人

蓝田人: 通常称作蓝田猿人, 学名为"直立人蓝田亚种", 是我国的直立人化石。生活的时代是更新世中期、旧石器时代早期。1964 年发现于陕西省蓝田县公王岭, 因此命名为"蓝田人"。

蓝田人为一 30 多岁女性的头骨。眉嵴硕大粗壮, 左右几乎连成一条横脊; 头骨高度很低; 骨壁厚度超过北京人, 脑量只有 780 毫升, 小于北京人。蓝田人是目前亚洲北部所发现的最古老的直立人。蓝田人的年份要早于北京人数十万年, 他们在体质形态上有不少差别。蓝田人的容貌更似猿猴, 智力和四肢也相对不如北京人发达。

达尔文生物进化论

达尔文的进化论是解释生物进化的重要理论之一。达尔文进化论的提出与其环球考察之旅有很大的关系。正是这次旅行的见闻, 为其进化论的提出奠定了基础。

达尔文的这次考察可以说有几分偶然。当时, 英国海军部派军官费茨罗伊乘"小猎犬"号舰勘探南美等地海岸, 可是他本来邀请的伙伴却因事未能

前行，于是好事就落在了被汉斯罗教授推荐来的达尔文头上。虽然迷信颅相学的舰长怀疑长着肉头鼻子的达尔文是否具备参加远航的勇气和毅力，但最终还是接受了他。

"小猎犬"号从朴次茅斯港起航穿过北大西洋，到达巴西的巴伊亚，然后沿南美东海岸一路南下，到达里约热内卢后，再经南大西洋的马尔维纳斯群岛、火地岛，绕过合恩角，沿南美西岸北上，从秘鲁圣地亚哥的普拉亚港，经北太平洋的加拉帕哥斯群岛到达大洋洲塔西提岛、新西兰等地，横渡印度洋到马达加斯加岛，经非洲好望角驶往北大西洋，最后于1836年10月2日回到英国。这历时5年，行

英国的博物学家、生物学家、
进化论的奠基人达尔文

程数万千米的环球考察充满艰辛，但也让他大开眼界，大长见识。在沿途中，他对当地动植物进行了考察。达尔文看到，欧洲人带来的外来生物——猪、羊的入侵，彻底毁灭了圣赫勒拿岛上的森林，随之消亡的还有8种陆生软体动物。西方殖民者饲养的大量牲畜改变了南美植被的总貌，使羊驼、野鹿和鸵鸟等本土物种濒临灭绝，生物多样性急剧衰减，不少当地动植物的自然演化进程或被打乱节奏，或因灭绝猝然中止。他看到了珊瑚对伯南布哥海岸的保护，海底火山与珊瑚环礁的关系，观察了火地岛水下大海藻森林生态系统。达尔文认为，如果海藻森林被毁，那么依赖海藻为生的无数水生生物及海獭、海鸟、海豹等动物都将死去，火地岛人也将无法存活，这证明了人类与周边生态的密切关系。他看到高山藻类造成的"红雪"和海中藻类发出的磷光，迁徙途中漫天飞雪般飘落到舰上的白色蝴蝶，看到了海蛞蝓、墨斗鱼、刺鲀、巨鲸、鲣鸟、燕鸥及偷燕鸥食物的大螃蟹、卡拉鹰、兀鹰、火烈鸟、灶鸟、企鹅、吸血蝠、各种甲虫、会发咔嗒声的蝴蝶、水豚、鬣蜥、犰狳、驼马等上百种动物，还有遮天蔽日的飞蝗。在布兰卡港、圣朱利安和巴拉开那河岸等地，达尔文挖掘收集到了大地獭、乳齿象、箭齿兽、后弓兽等许多已灭绝

的南美巨兽化石，并感到现存的动物很像它们的侏儒版，有着某种亲缘关系。达尔文相当惊奇地发现，在加拉帕哥斯群岛那些相距不远而又彼此隔绝的火山岛上，陆龟、燕雀等同种生物都发生了不同变异。亲眼看到新物种正被大自然这只冥冥中的大手创造出来，这令他无比激动。他发现许多动物都处于过渡类型，如正往鼢鼠

陆　龟

演变的一种地鼠。有的演化孕育着被自然淘汰的灭绝危机，如大旱之年无法用双唇吃草的妮亚特牛。

在考察过程中，达尔文根据物种的变化，整日思考着一个问题：自然界的奇花异树，人类万物究竟是怎么产生的呢？他（它）们为什么会千变万化？彼此之间又有着什么联系呢？这些问题在脑海里越来越深刻，逐渐使他对神创论和物种不变论产生了怀疑。同时他还对当地的地质状况进行了考察。在此基础上他提出了著名的生物进化论的观点。

达尔文进化论主要包括 4 个子学说：

（1）物种是可变的，现有的物种是从别的物种变来的，一个物种可以变成新的物种。这一点，早已被生物地理学、比较解剖学、比较胚胎学、古生物学、分子生物学等学科的观察、实验所证实，我们现在甚至可以在实验室、野外直接观察到新物种的产生。所以，这是一个科学事实，其可靠程度跟"地球是圆的"、"物质由原子组成"一样。在今天，除了极其个别的由于宗教信仰偏见而无视事实的人，实际上已无生物学家否认生物进化的事实。

（2）所有的生物都来自共同的祖先。分子生物学发现了所有的生物都在使用同一套遗传密码，生物化学揭示了所有生物在分子水平上有高度的一致性，最终证实了达尔文这一远见卓识。所以，这也是一个被普遍接受的科学事实。

（3）自然选择是进化的主要机制。自然选择的存在，是已被无数观察和实验所证实的。但是，现在学术界一般认为，自然选择的使用范围并不像达

尔文设想的那么广泛。自然选择是适应性进化（生物体对环境的适应）的机制；对于非适应性的进化，有基因漂移等其他机制。也就是说，不能用自然选择来解释所有的进化现象。考虑到适应性进化是生物进化的核心现象，说自然选择是进化的主要机制，也是成立的。

（4）生物进化的步调是渐变式的，它是一个在自然选择作用下累积微小的优势变异的逐渐改进的过程，而不是跃变式的。这是达尔文进化论中较有争议的部分。在达尔文在世时以及死后相当长一段时间，大部分生物学家，特别是古生物学家，都相信生物进化是能够出现跃变的，认为新的形态和器官是源自大的跃变，而不是微小的变异在自然选择的作用下缓慢而逐渐地累积下来的。包括赫胥黎在内的一些古生物学家由于强调生物化石的不连续性，而持这种观点。在遗传学诞生之后的一段时间内，早期遗传学家们由于强调遗传性状的不连续性，也普遍接受跃变论。在 20 世纪 40 年代，"现代综合"学说将遗传学和自然选择学说成功地结合起来，渐变论逐渐占了优势。但是近二三十年来，古生物学和进化发育生物学的研究表明，生物进化过程很可能是渐变和跃变两种模式都存在的，跃变论又有抬头的趋势。不过，进化论所说的跃变，除了某些非常特殊的情形（例如植物经杂交出现新种），并非是指在一代或数代之间发生的进化，而可能经历了数千年、数万年乃至数百万年，只不过以地质年代来衡量显得很短暂而已。

生物进化的自然选择

从前面的内容中，我们看到了生物是从低级到高级不断进化发展的。今天世界上的约 200 万种生物，是几十亿年来不断进化的结果。而且，进化现在还在继续着：新种仍在产生，旧种不断绝灭，不会停止在一个水平上。特别是人类出现以后，通过人类对自然的改造，生物的进化出现了新的局面，进入了新的阶段。

不过，"生物是进化的"这一观点并不是一开始就被人们普遍接受的。在很长一段时间内，"神创论"、"物种不变论"占据了统治地位。经过了长期的斗争，才推翻了这些错误理论，逐步树立起生物进化的理论，并且逐步明确了若干带有规律性的问题。下面就分别加以介绍。

（1）生存斗争和自然选择。

变异和遗传的矛盾是生物进化的动力。但是新的变异是怎样固定下来的呢？新的类型是怎样战胜旧的物种而产生新种的呢？这要通过"自然选择"的作用而实现。生存的斗争促进了生物的进化。

自然界中每一种生物繁殖后代的能力都是很大的。一棵榆树每年要产生数以万计的"榆钱"——带翅的种子，成熟以后被风刮得遍地都是。一条翻车鱼的产卵量竟能达到 3 亿个。大象是动物中繁殖最慢的，它能活到 100 多岁。有人曾估计过，如果从 30 岁开始繁殖小象，每对象生 6 只小象并且没有意外死亡的话，那么到了 750 年之后，这一对象的后代就有 4380 只之多！

实际上这种无限增殖的情况是不存在的。一个地区内生物的种数以及各个种的个体数，在一定时期内是基本上维持着一定的数量的。

为什么生物的个体数不会无限增加呢？每种生物产生的种子或胚胎虽然多，但不能都发育长大。绝大部分在发育过程中（特别在早期）夭折死亡，能够成长起来的只是少数。繁殖力越大的生物，被淘汰的比例相应越大。

到了春天，"柳絮"到处飞扬。它们是由柳树产生的带着细毛的种子，体小而轻，数目却极多。它们当中，只有极少数的能长成幼苗。鱼每年产很多卵，但在卵孵化前后大量地被其他动物吃掉，能长成大鱼的比例是小得可怜的，在有些鱼类中，这个比例还不到 1/100 万。所以在人工养殖的鱼塘中，在放养鱼苗之前要清塘，除去吃鱼苗的野杂鱼，这样才能提高产量。

由此可见，自然界中的生物存在着激烈的矛盾和斗争：在生物与环境之间、在不同的物种之间和种内的不同个体之间，都存在着矛盾和斗争，这些就叫做"生存斗争"。

在栽培作物时，必须掌握生存斗争的规律，才能夺得丰收。抗倒伏的品种就是和自然风害作斗争的胜利者。作物和病虫害的斗争是生物种间的斗争。要解决这个矛盾，①从外因入手，如进行生物防治和喷施农药来消灭或削弱作物的敌害；②从内因入手，选育能抵抗病虫害的新品种来达到丰产，例如培育抗病品种是当前克服棉花枯萎病和黄萎病的根本方法。

由于生存斗争，环境和生物、不同的生物之间形成了非常错综复杂的关系。现在举一个例子。达尔文曾分析了红三叶草、熊蜂、田鼠和猫的关系。红三叶草这种优良的豆科牧草，是靠熊蜂传粉的，所以熊蜂多的地区，红三叶草就生长繁盛。田鼠喜欢吃熊蜂的蜜和幼虫，所以田鼠多的地方熊蜂就少，影响到红三叶草的数量。猫又是田鼠的死敌，在城镇郊区养猫较多，田鼠就少，熊蜂随之增多，红三叶草就繁盛起来。通过这几个环节，一个地区中猫的多少居然和附近的牧草是否繁盛有了密切的联系！这个例子只是把生物间的几个环节抽出来分析一下，实际上生物之间的关系还要复杂得多，而且也不是这样单方面的直线联系。

由于生物普遍存在变异，在生存斗争过程中，那些产生有利变异的个体就比较容易存活并留下后代。如果这种有利变异是可以遗传的，那么后代也具有这种有利的变异性状。而未产生变异或产生有害变异的个体就存活得少一些，留下的后代也比较少。这样一代代地下去，有利变异的新类型越来越多，旧类型越来越少，最后被淘汰掉。这种有利变异的保存和有害变异的淘汰就叫做"自然选择"。

中生代末期恐龙的消灭和哺乳类的兴起，就是生物历史上生存斗争和自然选择的结果。再举一个自然选择的现代的例子。欧洲有许多种蛾子，都有灰色和黑色2种类型，一种是原先的灰色的常态型，一种是后出现的黑色变型。灰色的蛾子在非工业区占优势，因为它们停息在长满灰绿色地衣的树干上，不容易被鸟类发现和吃掉。偶尔有黑色变型出现，也容易被吃掉而不能发展。在欧洲工业化的过程中，烟囱中排出大量煤烟，其中含很多二氧化硫。

鸟适应于空中飞翔

前面我们说过，地衣是最怕二氧化硫的，所以在工业区及其附近，地衣大量死亡了，树干变成暗黑色。这样，灰色的蛾子就容易被鸟发现和吃掉，而黑色蛾子却受到保护，从不利变异转化为适应环境的有利变异。在工业区黑色蛾子逐渐取代了灰色蛾子的现象，被叫做蛾子的工业黑化。

（2）生物的适应。

在生物进化的漫长岁月中，自然选择不断地起作用，凡是不适应环境的种类都被淘汰掉。

目前生活的生物对环境总是比较适应的，这就是我们到处看到的适应现象。鱼适应在水中生活：流线型的身体适于游泳，鳃适于水中呼吸。鸟适应于空中飞翔：它有翅膀，骨头是中空的气质骨，所以身体很轻巧。有一种昆虫叫做木叶蝶，它停在树枝上时很像一片树叶，不容易被鸟发现，有利于它的生存。这一类的例子是很多的。

植物也都很适应它们的环境。深水稻能在湖泊河流中水位变化较大的条件下生活，它能随着水位的上升而长高。仙人掌则能适应沙漠干燥的气候。

适应的本质就是生物有机体和环境之间的矛盾处于暂时的、相对的平衡或统一状态，并不是不存在矛盾。

生物是在与环境的矛盾斗争中进化发展的。中生代的恐龙，是当时地球上最繁盛的动物，对那时的环境是非常适应的。但是到了中生代末期，这些庞然大物全部灭绝了。体型较小的哺乳类和鸟类取代了恐龙，成为新生代的优势动物。从恐龙的灭绝可以看到生物与环境的统一或适应只是暂时的、相对的。

是不是只有灭绝的生物才和环境有矛盾，现在生存的就没有矛盾呢？不是的！诚然，现在生存的生物是适应环境的，否则就不能生存了；但它们与环境的矛盾却永远存在，只不过处于运动的暂时静止状态而已。只要仔细分析，总可以发现，对立的斗争是绝对的，统一只是相对的、有条件的。

例如，种花生就要正确处理生物和环境的矛盾。天旱要深种，种浅了有些种子干死，不能出全苗。这就是花生种子萌发需水和土壤缺水的矛盾，用深种来解决。但种深了又带来新的矛盾：花生植株上第一对侧枝结的果实最多，占全株果实总数的60%～70%，种深了把第一对侧枝埋在土中，就不能发挥作用。这个矛盾用"清棵蹲苗"的办法可以解决。

事实上，生物适应的本身就包含着不适应的因素。以小麦抗锈病的品种来说，这些品种是适应环境的，不生锈病；对锈菌来说是不适应的，不能在这些小麦上生存繁殖。但生物是不断发生变异的，一旦锈菌发生变异，对这些小麦品种适应了之后，这些品种就变成不抗锈病的，也就是不适应了，人们又要培育新的抗锈品种去战胜新的锈菌。所以适应总是在一定条件下相对来说的，也是不断向对立面转化的。而经过矛盾的每一转化，生物就向前发展了一步。有人把适应绝对化，认为生物与环境之间只有适应，没有矛盾，这是"合二而一论"的观点。

另一种对适应的看法是"目的论"，认为生物的适应是上帝创造出来的：

整个自然界被创造出来是为了证明上帝的智慧。在东方对适应的看法是"天命论"，同样也具有唯心主义倾向和宗教色彩的思想观念，它产生和盛行于古代社会。认为自然变化、社会运行和人的命运被某种超自然的力量所主宰，人必须而且只能屈服和顺从它。殷墟《卜辞》中的"帝令雨足年、帝令雨弗其足年"，孔子强调"畏天命"等均属此。其实在战国时代就有诸子百家之一的荀子提出"天行有常，不为尧存，不为桀亡"，肯定自然运行法则是不以人们的意志为转移的客观存在，与孔子的"天命论"相较更能体现中国的古老哲学智慧。这种思想根源于古代落后的科学技术能力和对自然、生命等认识能力的低下。

生物进化论科学地说明了适应的起源，它是变异经过长期自然选择的结果。这就使"目的论"彻底破产，把上帝从这个顽固堡垒中赶了出去。

（3）物种的起源。

物种演变，新种产生，旧种绝灭，都是通过自然选择而实现的。由于长期自然选择的结果，不同的变异会在不同的条件下累积起来。同一物种的后代会分化成不同的几个类型，这些类型之间具有彼此不同的遗传基础。同种的不同类型之间如果有机会自由杂交，遗传基础就会互相交流和混杂，不可能分化成不同的种。但是，如果不同类型由于地理上的隔离，或生活在不同的环境条件下，彼此不能杂交，长期地向不同方向发展，就会造成遗传基础有更大的差别，以后这些类型即使放在一起也不能杂交产生后代，这时就形成不同的物种了。

物种的形成是在变异与遗传的矛盾基础上长期自然选择的结果。一个种可以分化成不同的几个种，时间越久，分化越大。一个原始物种经过漫长年代的进化，可以发展成很大的一个类群。现在世界上这样形形色色的生物，都是古代少数几种生物的后代。原始生物的一支发展成现在的绚丽多彩的植物界，另一支发展成形形色色的动物界。生物是在变异、遗传、选择这几个方面的相互作用之下进化发展来的，是物质运动的产物。

生物进化、新种取代旧种的事例可以举出很多，现在以马的进化为例加以说明。马的祖先是始祖马，只有狗那么大，新生代初期生活在森林里；经过几千万年，到了第四纪，进化成高大的现代马，适应于草原生活。

从马的进化可以看到，进化过程中物种是不断分化的，好多类型都已绝灭了，只有一支现代马保留到现在。

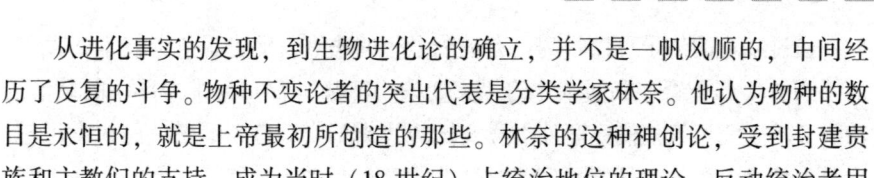

从进化事实的发现，到生物进化论的确立，并不是一帆风顺的，中间经历了反复的斗争。物种不变论者的突出代表是分类学家林奈。他认为物种的数目是永恒的，就是上帝最初所创造的那些。林奈的这种神创论，受到封建贵族和主教们的支持，成为当时（18 世纪）占统治地位的理论。反动统治者用它来搞愚民政策，反对人民革命。

随着资本主义的发展，由于生产和阶级斗争的需要，科学在背叛教会和神学的斗争中大踏步前进。19 世纪初期，神创论受到很大冲击时，法国的一个贵族、反动学术权威居维叶又跳出来维护神创论。居维叶本人研究过古生物，他从巴黎附近的地层中得到了许多动物化石。他发现，不同地层中的化石不一样，地层越老，化石越简单，和现代生物的区别也越大。这本来就是生物进化的证据，和物种不变论是完全对立的；当时在动植物育种学、分类学、比较解剖学等方面取得的成就，也都是和物种不变论矛盾的。但居维叶为了维护封建宗教的统治，竟挖空心思地炮制出"灾变论"（或称"激变论"），来反对生物进化论。他胡说地球上的生物经历过多少次的严重灾难，生物全部灭绝过好多次；每次灾难之后，上帝都重新创造一次。因为上帝在重新创造时记不清原来的形象而"走了样"，所以不同地层中的化石就不一样。他的一个学生，甚至"计算"出上帝曾经进行过 27 次创造！恩格斯曾一针见血地指出："居维叶关于地球经历多次革命的理论在词句上是革命的，而在实质上是反动的。它以一系列重复的创造行动代替了单一的上帝的创造行动，使神迹成为自然界的根本的杠杆。"

达尔文的生物进化论战胜物种不变论，是生物学中唯物主义和辩证法的重大胜利。它的意义远远超出生物学的范围，是辩证唯物主义自然观对形而上学自然观斗争的胜利，是世界观上的一次革命。所以马克思说："达尔文的著作非常有意义，这本书我可以用来当做历史上的阶级斗争的自然科学根据。"

我国北宋时期的沈括，是著名的科学家，也是一位法家。约在 900 年前，他观察到太行山上有螺蚌的化石，就从此引出海陆变迁的结论，科学地说明了华北平原是泥沙淤积而成的。而南宋的儒家朱熹，却利用化石的知识去论证儒生邵雍的"开合论"，说什么天地每隔 129600 年就发生一次灾变，到那时"海宇变动，山勃川湮，人物消尽，旧迹大灭"；灾后又重新开天地，如此轮回不止。

通过以上的例子可以看到：有进步思想的法家，促进了科学技术的发展；而儒家的"开合论"和居维叶的"灾变论"一样，都是为维护反动的政治统治服务的。我国汉代儒家董仲舒所宣扬的"天不变，道亦不变"的哲学思想，也是为他所主张的"罢黜百家，独尊儒术"的反动政治路线服务的。

生物进化的人工选择

（1）人工选择的效果。

前面的自然选择，讲的是自然界中生物的进化；现在来谈谈在人工控制下生物的进化。家养动物和栽培作物，例如猪、牛、羊、稻、麦、棉等，都是劳动人民对野生动植物进行了长期的驯化和培育而产生的。这些"家化"了的种类和它们的野生祖先有了很大的差异，这些差异甚至比两个野生种之间的差异还要大。

猪的养育是人工选择的效果

家鸭是由绿头鸭（野鸭）变来的。我国著名的品种北京鸭，已有300多年的历史。它是在北京玉泉山下水草丰盛的环境中培育成的。经过劳动人民几百年来的精心选择和培育，已成为世界上最优秀的品种之一，分布到世界各地。

北京鸭和它的野生祖先绿头鸭有很大差别。绿头鸭体重只有1千克左右，北京鸭一般有3.5～4千克。北京鸭的小鸭出雏后，只经过60天，填肥的鸭子可以超过2.5千克。最大的填鸭曾达到7千克！北京鸭在国内外都深受欢迎，是重要的外贸商品。它不仅肥育得快，而且产卵量也相当高，年产150～180个。

牛是从野牛经过长期驯养变成的。现已分化成乳用牛、肉用牛和役用牛几个类型，每个类型都有很多品种。乳牛中例如建国后我国新育成的"北京黑白花牛"，每年产奶量近 6000 千克，最高的有 1 万多千克，而野牛的奶量只够它的牛犊吃。

达么大的变化是怎么来的呢？是人工选择的结果。古代劳动人民养鸡时，有人需要下蛋多的鸡，就把下蛋少的鸡杀死吃了，留下生蛋多的，这样一代一代地选择，就发展成卵用鸡的品种。同样，有人需要肉鸡，就选留那些生长快、体型大、肉味鲜美的鸡，把其他的都淘汰了，这样时间长了，就培育成了肉用鸡。从同一种野生的原鸡，经过长期选择培育，分化出卵用鸡和肉用鸡。卵用鸡一年最多可生 380 个蛋，肉用鸡的体重可以超过 5 千克。此外，还有供药用的乌骨鸡（泰和鸡）和供观赏的品种。经过长期的进化，鸡形成了各种品种。原鸡现在还有野生的，在我国西南和印度一带的森林中生活，体重只有 0.5 千克多，一年才生 7~8 个蛋。

由于几千年来劳动人民的辛勤劳动，培育出来成千上万的优秀品种。在我国古代的许多农书上，总结了劳动人民选种的丰富经验。例如在汉朝《氾胜之书》中，就有关于麦子穗选的记载。在 1400 多年前的《齐民要术》中，记载了许多谷物、果树、蔬菜、家畜和家禽的品种和选种措施，其中关于粟（小米）的品种，就记载了 86 个。

随着社会生产的发展，选择的方法也不断改进，后来有了有计划的选择育种，育种开始前就有明确的目的，有具体的计划。譬如要培育一个矮秆早稻品种，就确定了育种目标：要求穗大、粒多、粒大、早熟、矮秆、抗病力强等。根据这些目标，有计划地选择适当的亲本进行杂交选育。这样做起来，效率要大大提高。

建国以后，我国广泛展开了群众性的选种育种工作，大搞科学实验和科学种田，育种工作取得很大成绩。现在 3 年就可能育成 1 个作物品种，比过去用的时间缩短了很多。从无计划到有明确计划的育种，是一个从必然王国向自由王国发展的过程。

（2）基因型和表型的矛盾及其克服的办法。

在选种时经常遇到一个矛盾，就是生物个体的性状表现往往和它的遗传性不完全一样。譬如有两头母猪，从它们的体型外貌、生长速度等方面来看都差不多，但它们产生的后代却可能很不相同。这就说明，这两头猪的遗传基础不同。我们把它的遗传基础叫做"遗传型"或"基因型"，而把这两头猪的体型、外貌、生产性能的表现等，都叫做"表现型"或"表型"。

表型受基因型控制，但也和个体发育过程中各种内外条件的作用有关。它们之间的关系是对立的统一。我们选种，不但要看一个个体表现，还要考虑它的基因型，就是说要它能产生好的后代。

怎样才能挑选优秀的基因型呢？首先要进行个体选择，就是根据育种目标，挑选那些体形外貌、生产性能都合要求的个体留种，这就是根据表型选择。但这还不够，因为它们之间的遗传基础还有差别，还要在个体选择的基础上进行"系谱鉴定"和"后裔鉴定"。

系谱鉴定是看它的过去。同样的两头猪，如果甲猪的亲代、祖代比乙猪好，那么它的基因型好的可能性就较大。测定遗传性更直接的办法是后裔鉴定。如果有两头奶牛的公牛准备留一头作种牛，就让它们各自和一定数量的母牛交配，产生后代，再比较各自后代的生产力。如甲牛后代的平均产奶量是 6000 千克，乙牛后代平均只有 4500 千克，奶中的含脂量也差不多，那就可以决定留甲牛作种牛而淘汰乙牛。后裔鉴定虽然比较可靠，但做起来很费时间，比较麻烦，应用上有一定限制。根据个体、系谱和后裔等全面情况进行选择，比单纯靠个体选择要更有效一些，有助于克服表型与基因型不一致的矛盾。

农作物的选择有混合选择和单株选择 2 种基本方法。混合选种方法简单，就是在田间选择优良的植株，混合脱粒后留种。这种方法简单易行，便于推广。它可防止品种退化，长期坚持，也能选育出优良品种。譬如玉米品种"华农一号"、水稻品种"水源三百粒"等，就是用这种方法选出的。

玉米品种"华农一号"是混合选种

单株选育就是选择优良的植株，分别脱粒，分别栽培，继续选育。这种方法的优点是可以进行后裔鉴定，及时淘汰遗传性差的株系，因此收效较快。水稻品种"老来青"，就是著名劳动模范陈永康用"一穗传"（从一株上选一个穗）方法选育出来的。

（3）从人工选择的实践中认识自然选择的规律。

　　人工选择是人类改造生物的重要手段。人们应用它在很短时间内能使生物迅速变化，育成新品种。那么，在自然条件下是不是有相似的因素促使生物进化呢？有！这就是自然选择。

　　英国著名生物学家达尔文，正是从人工选择的成就中受到启发，从劳动人民改造自然的实践中认识了自然选择的规律，提出了进化论。所以，动植物的选育种工作是达尔文的进化论的重要基础，在广泛实践的基础上提高到理论，这个发展过程是符合唯物论的认识论的。毛泽东曾说："人的认识，主要地依赖于物质的生产活动，逐渐地了解自然的现象、自然的性质、自然的规律性、人和自然的关系。"

　　进化论的科学资料的积累，也和社会生产的发展有关系。当时的资产阶级为了推销商品和掠夺原料，冲破了封建社会经济的闭关自守，到世界各地去调查探险。达尔文在青年时代，就曾参加过这种调查，亲自观察、调查和搜集了大量科学资料，作为生物进化的确证。

　　社会意识形态的变革，也是进化论建立的思想基础。在 18 世纪的欧洲，神创论和目的论仍然居于统治地位，在自然科学中也形成一种自然界绝对不变的总观点，物种不变论就是这种形而上学自然观的组成部分。这是一种为封建地主贵族的反动统治服务的意识形态。从康德提出"星云说"开始，这个僵硬的自然观先后受到了多次冲击。既然从宇宙到地球以及地球上存在的一切无机物都是在变化发展的，难道居住在地球上的生物就能不变吗？因此，自然界物质变化发展的总观点就逐渐为思想先进的人们所接受。19 世纪上半叶的英国，在阶级斗争、生产斗争和科学实验 3 方面都为进化论的建立准备了条件。达尔文就在这种历史条件下提出了进化论。和达尔文同时代的华莱士，与达尔文不约而同地提出了相类似的选择学说，这进一步地证明，进化论是历史发展的必然产物，而不是个别天才灵机一动的创造。

　　资产阶级学者宣扬遗传学是选种的基础，这是把理论和实践的关系颠倒了。他们用"理论至上"来反对"实践第一"。他们颠倒理论和实践关系的本质，就是企图垄断自然科学阵地。

　　（4）进化论确立后育种工作的进展。

　　进化论是在育种工作的基础上总结出来的，进化论的胜利又反过来大大促进了育种工作的开展。近 100 多年来，人工选择的方法有许多改进，最突出的是杂交育种有很大的发展。达尔文之前，已利用杂交方法来育种。但由

于不掌握杂种后代的遗传规律，杂交育种的应用很受限制。进化论确立之后，遗传学有了发展，人们逐渐了解和掌握了遗传规律，就能更自由地应用杂交方法，育种效率大大提高了。现在杂交育种已成为常规育种的主要方法。

我国著名的"新疆细毛羊"，就是用哈萨克羊的母羊和高加索细毛羊的公羊杂交培育成的。它既具有高加索羊产毛量高、毛的质量好的优点，又具备哈萨克羊适应性强、适于在严寒地区饲养，并能刨雪吃草的特点。它是我国育成的第一个细毛羊品种，它的毛可以纺成很细的毛线。

著名的水稻品种"珍珠矮"，是用"矮子粘"和"惠阳珍珠早"杂交培育成的。这一类的例子很多。

除了选择和杂交育种这些常规育种的方法之外，近年来还出现了一些新的育种方法，如辐射育种、多倍体育种和单倍体育种，等等。

辐射育种就是用紫外线、X光、γ射线等辐射线处理生物，诱发变异，再进行选择、培育。前面提到的土霉素生产菌的育种，就是辐射育种的一个例子。我国建国以后，在农作物的辐射育种中取得了不少成绩。有的单位用辐射育种的方法，育成了小麦、大豆、粟、水稻等品种。值得指出的是，辐射和杂交育种相结合，往往可以比单纯的杂交育种取得更好的效果。

多倍体育种是近几十年来在作物育种中试验的一种方法：使作物的染色体成倍数增加，由一般的二倍体成为多倍体，因而发生较大的变异。多倍体的植物一般长得高大、生长快，但种子结得少，饱满程度较差。所以，以收获种子为目标的作物，例如稻、麦等粮食作物，多倍体的育种目前仍在试验阶段，至今仅育成少数品种。其他的作物，如瓜果、蔬菜、树木等，多倍体育种的成绩较好。我国自己育成的三倍体无籽西瓜品种，在生产上已经应用。由二倍体变成多倍体，在自然界中也是植物新种形成的一个途径。在被子植物中，多倍体的物种是很多的。香蕉没有种子，和无籽

新疆细毛羊

西瓜一样，也是三倍体。"胜利油菜"是四倍体，小麦是六倍体；在禾本科植物里，多倍体的物种超过了全科植物总数的1/2。

单倍体育种的方法和多倍体育种不同。培养单倍体植物的方法是：从单核的花粉（小孢子）直接培养出植株来，不经过传粉授精过程，所以细胞内只有1套染色体，遗传性单纯，再经过染色体加倍，就得到纯合二倍体，后代不会再出现分离现象。因此，单倍体植物是育种工作中的好材料。

我国已经成功地培育出单倍体的烟草品种和水稻、小麦等的单倍体植株，目前这方面的工作正在大力进行。

在疫苗生产中培养"弱毒疫苗"，也是一种特殊的育种工作。最常用的方法是将致病的细菌或病毒接种在原来不是它的寄主的身上，连续传代培养，使毒力减弱，从而获得疫苗。例如，将"猪瘟病毒"接种到兔子上，使毒力减弱，制成猪瘟疫苗。我国自己培育的猪瘟弱毒疫苗，毒力小、免疫力强而持久，用起来安全可靠，是世界上最好的疫苗之一。

用注射疫苗的办法预防人和家畜家禽的传染病，是非常有效的方法，是人类征服自然的伟大胜利。应用疫苗的历史已在100年以上了，但对于疫苗培育过程中遗传变异的规律还很少研究，道理还搞不清楚，因此疫苗的培育工作还带有一定的盲目性。这说明，在这一领域中，理论落后于实践，影响了生产的进一步发展；同时也说明，正是生产实践提出了需要研究的理论课题，工农业生产和医学实践的需要是推动理论发展的强大动力！

从以上的许多事例可以看出，人工选择和育种的成就，证明了人民群众是历史的创造者。人们在长期的生产实践中，掌握了动植物的特性，认识了变异和遗传的规律，通过人工选择创造了各种各样的品种。实践是认识的源泉，"人的认识一点也不能离开实践"。人们掌握了自然规律，有了理论指导，反过来就能更有效地改造自然。选择和育种工作的不断进步，就是一个不断地从必然王国向自由王国发展的过程。

（5）杂交和隔离在生物进化中的作用。

杂交和隔离是生物进化中的重要因素，也是育种工作中必须处理的重要问题。

杂交育种是当前动植物育种中的主要方法。杂交为人工选择提供了大量素材，是育种的重要手段。由此也可以理解：自然界中不同生物类型的杂交，也为自然选择提供了材料。杂交引起了变异，因此是物种进化的推动力量。

尤其是杂交后代具有杂种优势，因而在自然选择中常处于有利的地位，这是杂交有利于生物进化的一面。

然而，杂交也有不利于物种或品种形成的一面。大家知道，猫是自由交配的；由于不容易控制它们的生殖过程，彼此之间自由杂交，因此很少育成稳定的品种。因为不加控制的杂交，不利于类型的固定。在农业生产中经常发生的品种退化问题，一个重要原因就是没有控制生殖过程，造成品种混杂，这就是通常所说的"串种"。

在选育品种和保持良种的过程中必须进行有计划的选配，防止"串种"。防止串种的办法是隔离。进行作物杂交育种时必须"套袋"，防止外来花粉混入；繁殖良种时要有一定的"隔离区"，这些都是必要的人为隔离措施。家畜育种过程中，公畜和母畜要分开饲养，按配种计划严格控制交配。

隔离有利于类型的稳定。杂交育种到了一定阶段，必须排除其他品种的干扰，只让杂种后代彼此交配繁殖，才能稳定成新品种。

在自然条件下，隔离也是物种形成的重要因素。地理上的隔离，例如远离大陆的海岛，往往有着和大陆不同的生物类型，就是隔离的结果。澳洲和其他大陆相距很远，那里就有特殊的种类，例如鸭嘴兽。隔离有助于物种形成的原因，就在于阻止杂交，有利于新类型的稳定。

但隔离也有不利于生物进化的一面。被隔离的地区如果很小，生物数量少，产生的有利变异少，杂交的机会也少，因此可供选择的素材就少，进化的速度也要慢些。如澳洲的哺乳动物就只发展到像大袋鼠这样的有袋类，没有进化到像牛、马这样的高等哺乳类。

杂交和隔离是生物进化中两个对立而又在一定条件下统一的因素。在育种工作中要正确处理这一矛盾。

杂交和隔离的矛盾本质上是变异和遗传这一基本矛盾的一个侧面。杂交是引起生物变异的方面；隔离则是类型的保存和稳定的方面，隔离是促成性状或类型遗传的条件。有人把隔离和遗传、变异并列起来，这是不妥当的。

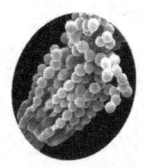

生命的遗传与变异

SHENGMING DE YICHUAN YU BIANYI

遗传和变异是生命繁衍的重要特征，遗传是指经由基因的传递，使后代获得亲代的特征。遗传是决定生物特征最为主要的因素。目前已知地球上现存的生命主要是以 DNA（脱氧核糖核酸）作为遗传物质。变异是指生物体子代与亲代之间的差异或子代个体之间的差异的现象。变异亦是生物有机体的重要属性之一。变异有两类，一类是可遗传变异，另一类是不可遗传变异，其中可遗传变异与进化有关。生物只有在生命遗传和变异中，才能获得生存和发展，也只有在生命遗传和变异中，才会获得种类的专一性和多样性。

豌豆实验

孟德尔（1822—1884 年）是现代遗传学之父，遗传学的奠基人。1822 年孟德尔出生在奥地利西里西亚海因策道夫村的一个贫寒的农民家庭里，父亲和母亲都是园艺家。孟德尔童年时受到园艺学和农学知识的熏陶，对植物的生长和开花非常感兴趣。1840 年他考入奥尔米茨大学哲学院。

孟德尔对生物遗传现象做出巨大贡献的就是他的豌豆实验。1856 年，孟德尔就开始了长达 8 年的豌豆实验。孟德尔首先从许多种子商那里，弄来了 34

现代遗传学之父孟德尔

个品种的豌豆，从中挑选出 22 个品种用于实验。它们都具有某种可以相互区分的稳定性状，例如高茎或矮茎、圆料或皱科、灰色种皮或白色种皮等。孟德尔通过人工培植这些豌豆，对不同代的豌豆的性状和数目进行细致入微的观察、计数和分析。运用这样的实验方法需要极大的耐心和严谨的态度。

8 个寒暑的辛勤劳作，孟德尔发现了生物遗传的基本规律，并得到了相应的数学关系式。人们分别称他的发现为"孟德尔第一定律"和"孟德尔第二定律"，它们揭示了生物遗传奥秘的基本规律。在孟德尔从事的大量植物杂交试验中，以豌豆杂交试验的成绩最为出色。经过整整 8 年（1856—1864 年）的不懈努力，终于在 1865 年发表了《植物杂交试验》的论文，提出了遗传单位是遗传因子（现代遗传学称为基因）的论点，并揭示出遗传学的 2 个基本规律——分离规律和自由组合规律。这两个重要规律的发现和提出，为遗传学的诞生和发展奠定了坚实的基础，这也正是孟德尔名垂后世的重大科研成果。

孟德尔的这篇不朽论文虽然问世了，但令人遗憾的是，由于他那不同于前人的创造性见解，对于他所处的时代显得太超前了，竟然使得他的科学论文在长达 35 年的时间里，没有引起生物界同行们的注意。直到 1900 年，他的发现被欧洲 3 位不同国籍的植物学家在各自

豌豆示意图

的豌豆杂交试验中分别予以证实后，才受到重视和公认，遗传学的研究从此也就很快地发展起来。

有性生殖

有性生殖发生的直接证据，最早见于澳大利亚中部的苦泉燧石中，在这里发现了植物减数分裂产生的四分孢子的化石。岩石的年龄约为 10 亿年，估计有性生殖实际出现还要早些，约在真核生物产生后不久。从动植物生殖细胞的形成过程中均有复杂的减数分裂来看，有性生殖应起源于动植物分化前，但这还只是一种推测。

有性生殖中基因组合的广泛变异能增加子代适应自然选择的能力。有性生殖产生的后代中随机组合的基因对物种可能有利，也可能不利，但至少会增加少数个体在难以预料和不断变化的环境中存活的机会。

有性生殖还能够促进有利突变在种群中的传播。如果一个物种有 2 个个体在不同的位点上发生了有利突变，在无性生殖的种群内，这 2 个突变体

燧石示意图

必将竞争，直到一个消灭为止，无法同时保留这 2 个有利的突变。但在有性生殖的种群内，通过交配与重组，可以使这 2 个有利的突变同时进入同一个体的基因组中，并且同时在种群中传播。

此外进行有性生殖的物种其生活周期中都有二倍体的阶段。二倍体的物种每一基因都有 2 份，有一份在机能上处于备用状态。如果这个备用的基因发生突变，成为有新的功能的基因，但此时新功能还是潜在的。通过自发的重复和有性生殖中的遗传重组，这个新基因可与原有基因先后排列，这样便产生一个新的基因。二倍体物种可以用这样的方法使其基因组不断丰富。

由于上述原因，有性生殖加速了进化的进程。在地球上生物进化的 30 余亿年中，前 20 余亿年生命停留在无性生殖阶段，进化缓慢，后 10 亿年左右

进化速度明显加快。除了地球环境的变化（例如含氧大气的出现等）外，有性生殖的发生与发展也是一个主要的原因。现存 150 余万种生物中，从细菌到高等动植物，能进行有性生殖的种类占 98% 以上，就说明了这一点。

达尔文已经对性选择在进化中的作用作过详细的研究，但是长期以来由于理论工具的缺乏，这方面的研究没有太多令人信服的成果。例如在 20 世纪 60 年代，曾有过这样一种解释：变异使基因产生缺陷，有性生殖由双方取得基因，其缺陷部位不同，可以互相弥补。这相当于信息理论中利用冗长性来纠正误码的机制。但是这个说法用进化论的眼光来看是没有说服力的。因为无性生殖可以在基因缺陷发生时立刻将带有缺陷基因的个体淘汰掉，使得缺陷基因不能存在，所以用冗长性来纠正误码是没有必要的。直到 70 年代以来博弈论方法与进化生物学相结合，进化论的研究重点由种群向个体，由个体向基因方向发展，博弈论的数学工具与计算机模拟的方法在研究中的推广，使得关于有性生殖的研究取得了重大进展，使我们对于有性生殖的进化过程逐步有了较为清晰的认识，对于很多环节例如两种性细胞的分化、雌雄个体的产生、性比的进化等都可以用比较严格的数学方法（主要是博弈论的方法）给出相当严密的论证。

在单细胞或简单的生物中已经有了像细胞融合这样的"准有性生殖"方式，但此时并没有雌雄之分，相互融合的 2 个细胞是平等的。例如像水绵这样的植物，通常是用细胞分裂的方式繁殖，偶尔也采用"准有性生殖"方式，2 条水绵丝并在一起，相对的细胞互相融合，产生新的生殖细胞，然后"并丝"解体使生殖细胞散开，各自长成新的水绵丝。对于水绵来说，生殖细胞就是体细胞，二者没有分化，因而生殖细胞的大小是由体细胞的最佳大小决定的。当生物进一步复杂化之后，由分工而产生出专门的生殖细胞，而且在复杂的发育工序完成之前生物还没有独立生存的能力，其能量和物质都要由生殖细胞提供，此时生殖细胞的大小对于生物的适应度就会产生很大影响，这种进化压力使生殖细胞的尺寸通过进化调整到一个最佳值。生殖细胞的尺寸大，含有能量和物质多，其存活率也会提高。但是由于生物所能积累起来用于生殖的能量是有限的，生殖细胞的尺寸加大意味着数量减少，而存活率的提高也是有限的，不会超过 100%，一个存活概率为 1 的生殖细胞不如两个存活概率为 0.6 的生殖细胞的适应度大。所以生殖细胞绝不是越大越好，对于一种生物来说存在着一个最佳的生殖细胞尺寸。当生殖细胞由两个细胞融合而成时，按照简单的计算是每个细胞都是最佳尺寸的 1/2 时适应度最大，而且公平合理。但是，生物在进化中不会自己计算最佳值，最佳值是变异与选择的结果，是用"试错法"算出来的。进化游戏中不存在公平原则，进化是自私的基因之间的博弈。我们假定在博弈开始时存在着各种不同大小的细胞，每 2 个细胞可以融合成 1 个生殖细胞，各细胞是随机相遇的，就像细胞不能计算自己的最佳尺寸一样，也不能计算与多大的细胞融合最合理，一切都按变异与选择的原则行事。各种大小不同的细胞数量是不同的，越大的细胞则数量越少，大小与数量成反比。为了说明的方便我们把最佳尺寸看成临界尺寸，即大于等于临界尺寸的生殖细胞生存概率为 1，而小于临界尺寸时生存概率为 0。由于大小与数量成反比，细胞与小细胞相遇的概率大。通过计算可以发现，在各种尺寸中，等于临界尺寸的细胞和极小的细胞适应度最大，而比临界尺寸小但又小得不多的，例如 1/2 临界尺寸的"公平"细胞适应度很低，会被淘汰。为了简化计算我们考虑存在 3 种尺寸的细胞：1 个临界尺寸的，2 个 1/2 临界尺寸的，1000 个 1/1000 临界尺寸的。在这个系统中，临界尺寸的细胞无论和哪个细胞结合都可以存活，其生存概率为 1；1/2 临界尺寸的只有与 1 或 1/2 的结合才能存活，其概率为 2/1002，适应度为 4/1002；而 1/1000 尺寸的细胞只有遇到尺寸为 1 的细胞才能成活，其概率为 1/1002，但是由于这种细胞有 1000 个，适应度为 $1000/1002 \approx 1$。更复杂的初始条件设定算起来比较麻烦，用计算机模拟的进化结果与上述简化情况是一致的，即细胞（配偶子）的大小必然两极分化，一极达到最佳尺寸，另一极则在不损害其配偶子功能的条件下尽可能小而多，中间状态是不能存在的，"公平"只是一种幻想。配偶子在尺寸博弈中只有两种战略可取，一个是提供足够的资源，成最佳尺寸；一个是以数量取胜，成最小尺寸。前一种战略产生卵，后一种战略产生精子，中间路线是不能存在的，雌雄性配偶子的两极分化具有数学的必然性。

在雌性和雄性配偶子分化之后，作为生物个体，雌雄同体的现象还长期存在。但是由于精子的制造本比卵低得多，在雄性功能竞争激烈的情况下，一部分个体放弃生产卵而全力投入竞争可以使适应度增加，从而产生了专业的雄性；一旦专业的雄性产生，雌雄同体的个体在雄性功能方面难以与之对抗，雄性功能的价值下降，而放弃雄性功能成为专业的雌性能够提高适应度，从而产生了专门的雌性个体，完成雌雄异体的分化。因此在向雌雄异体的进

化过程中，总是先产生雄性，后产生雌性，这与实际的生物观察结果是相符的。

真核生物

所有单细胞或多细胞的，其细胞具有细胞核的生物的总称。包括原生生物界、真菌界、植物界和动物界。真核生物与原核生物的根本性区别是前者的细胞内含有细胞核，因此以真核来命名这一类细胞。许多真核细胞中还含有其他细胞器，如线粒体、叶绿体、高尔基体等。

生物的遗传变异

达尔文在研究动植物进化时，便注意到了变异的普遍性。他认为变异有大有小。他重视微小的变异，认为这是自然选择的材料，也注意到显著的变异。例如短腿的安康羊以及植物的芽变，但他认为这类变异比较少，在进化上不太重要。他还认为变异不仅见于外部形态，也见于内部构造和生理特性，不仅见于有性繁殖的生物，也见于无性繁殖的生物。

哈巴狗示意图

那么生物变异的原因是什么呢？达尔文认为主要是由于生活条件的改变。生活条件既可直接作用于生物体或某些器官，也可间接影响生殖器官，无论是直接影响或间接影响，都可引起生物的变异。

达尔文认为，环境条件引起生物当代或后代的变异有一定变异和不定变异 2 类。①所谓一定变异，就是一切个体或多数个体均按同样的方式产生一样的变异，即方向是一定的。例如气候可以影响皮肤的色泽、毛的厚度和密度。②所谓不定变异，就是生物在若干世代相似的条件下同类各个体之间产生不同的变异，这些变异方向不定，区别明显，例如各种突变（安康羊、哈巴狗、果树的芽变等）。他认为不定变异比一定变异要普遍，不定变异也是生物进化的材料。

达尔文还根据有机体各部分相互关系的科学事实，提出了相关变异和延续变异的规律。所谓相关变异，就是生物体一个部分或一种器官发生变异，其他有关部分或器官也会相应发生变异。长腿的动物必定有长颈，例如长颈鹿、马、驴、白鹤、鹭鸶等。鸟的喙长其舌必定也长。达尔文认为，如果引起变异的条件在后代继续发生作用，变异就会在后代加强起来，向着同一方向发生变异。例如当园丁发现某一种花上多生了 1～2 个花瓣，他就有可能由此培育出重瓣花。

关于遗传问题，达尔文认为遗传是生物的一种特性。变异有遗传的，也有不遗传的，能遗传的变异广泛存在。他认为遗传是生物的保守性，克服保守性比较困难，改变生活条件不一定能很快发生影响，但是经过多代影响也能引起变异。

达尔文也接受了拉马克获得性遗传的理论，至于获得性为什么遗传，达尔文提出了一种假说——"泛生说"来解释。

所谓"泛生说"，是说生物体各个部分都有一种代表这部分的胚芽或微粒，如果生物体为适应环境发生变异，那么这些微粒也相应发生改变。这些微粒随着血液循环，最后汇集到生殖细胞里，所以生殖细胞含有身体各部分的性质，由此形成的受精卵，则包括了父母双方的性质。当受精卵发育成生物体时，各种微粒就纷纷到达有关部分发生作用，因此后代发育起来的性状就跟亲代一样。达尔文用这样的假说圆满地解释了生物的遗传机制、获得性遗传及个体发育等问题。但可惜的是，细胞学的发展并不支持这种假说，因为血液里找不出这样的胚芽或微粒，假说虽然很漂亮，但毕竟只是一个假说。

达尔文对遗传变异的研究比起他的前辈大大地前进了一步，但是对于遗传变异的实质和规律并未能真正揭发。达尔文自己也说："遗传的法则是不可思议的，这是未来科学的事情。"

1856 年，奥地利生物学家孟德尔以豌豆为材料，经过 8 年辛苦的试验，终于发现了生物遗传的基本规律，即显性原理、分离定律、自由组合（独立分配）定律。这些规律在 1900 年被欧洲另外 3 名学者戏剧性地重新发现以后，整个遗传学从此面目一新，得到突飞猛进的发展，涌现了许许多多卓越的遗传学家，如英国的贝特森、荷兰的德伏里斯、丹麦的约翰逊、美国的摩尔根等。尤其是摩尔根等人，以果蝇作材料，通过大量研究，不仅证实了孟德尔的遗传定律，而且进一步发现了生物遗传的连锁和交换定律，并结合当时细胞学的成就提出了基因学说，创立了细胞遗传学。基因学说接受了魏斯曼种质论中的合理部分，认为种质是连续的，种质是遗传的物质基础，种质就是染色体上的基因，基因是遗传的基本单位，在染色体上直线排列，有高度的稳定性，能自我复制，基因也会发生变化，但这种变化是方向不定的突变，突变也不是由一般生活条件变化引起的，基因突变是生物进化的原因。

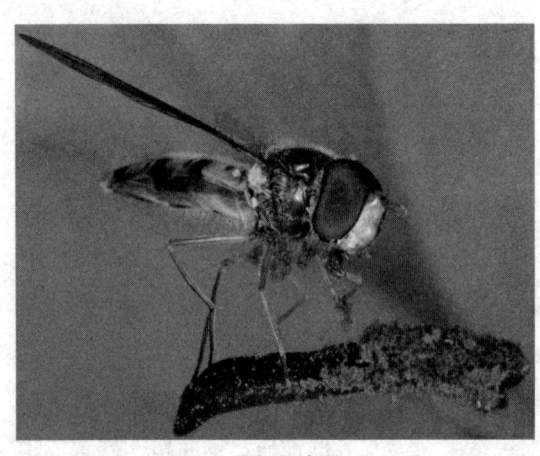

果蝇示意图

摩尔根的基因论，本质上不同于达尔文的泛生说，而与魏斯曼的种质说基本一致。所不同的是，魏斯曼认为只有生殖细胞中的染色体才是种质，而摩尔根认为一切细胞里的染色体都是种质，不然的话对于无性繁殖从体细胞产生后代就不能解释。事实上也是这样，不论是生殖细胞还是体细胞，其染色体都具有高度的稳定性、连续性和自我复制能力。因此，魏斯曼把生物体分为种质和体质是有见地的，但他把种质局限于生殖细胞是不对的。

20 世纪初到 50 年代，遗传学家们主要是从细胞水平研究生物的遗传和变异。到 1953 年，华特生和克里克用 X 光衍射法研究遗传物质 DNA（去氧核糖核酸）的结构，提出了 DNA 的双螺旋结构模式，这标志着遗传学的研究已从细胞水平进入到分子水平，意味着分子遗传学的诞生。

分子生物学和分子遗传学的诞生为遗传学研究开辟了广阔的道路，现代遗传工程学就是在分子生物学和分子遗传学的基础上发展起来的一门崭新学科，它为人类按照自己的意愿定向改造生物的遗传性提供了可能。

变　异

变异：指生物体子代与亲代之间的差异或者子代个体之间的差异的现象。变异分两大类，即可遗传变异与不可遗传变异。现代遗传学表明，不可遗传变异与进化无关，与进化有关的是可遗传变异，前者是由于环境变化而造成的，不会遗传给后代，如由于水肥不足而造成的植株瘦弱矮小；后一变异是由于遗传物质的改变所致，其方式有突变（包括基因突变和染色体变异）与基因重组。

▉ 控制遗传与变异的 DNA

在微观领域，究竟是什么控制着人类的遗传与变异呢？答案是核酸。

核酸的"家族"有 2 类，一类叫脱氧核糖核酸，简称 DNA；另一类是核糖核酸，简称 RNA。在这两类中，起到生命密码作用的，应该说是 DNA，我们封它为"总司令"。下面就来介绍这个"司令部"中的第一把手。

巨长而威严的"总司令"

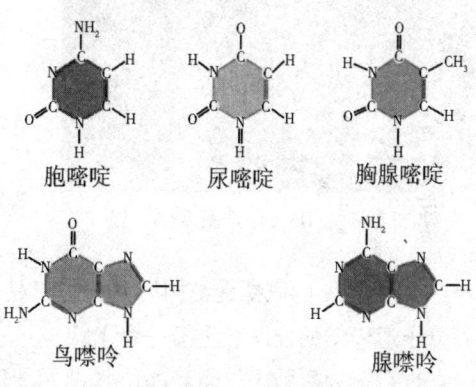

胞嘧啶　　　尿嘧啶　　　胸腺嘧啶

鸟嘌呤　　　　　腺嘌呤

核酸示意图

DNA 是又细又长的生物大分子。它的直径只有 1 厘米的 1/500 万。25000 条 DNA 加起来，才如人的一根头发丝那样粗。可是 DNA 很长，把一个细胞中的 DNA 连接起来，伸直后能达到 1.7 米长。当然细胞中的 DNA 都是螺旋卷曲，折叠盘绕在一起的。它们包含在直径不到 10 微米的细胞核中。人体中的 DNA

总量大约有 100 克重。有人估计,这些 DNA 的长度足够从地球到太阳来回 100 次,这可是个天文数字。

在人类细胞中的 46 条 DNA 上,"刻画"着代表人全部特征的"符号",水稻细胞中的 24 条 DNA 也"刻画"着代表水稻全部特征的符号"。这些"刻画"在 DNA 上的"符号"就是"生命的密码",就是遗传的信息。"总司令"的这些"符号"极其威严,不允许随便更换或变动,自然界成千上万种生物各不相同,同种生物的每个个体也不相同,都是由于它们细胞中"总司令" DNA 的符号不同。从这里可以看出 DNA 这位"总司令"的"权力"有多大,作用有多大了。

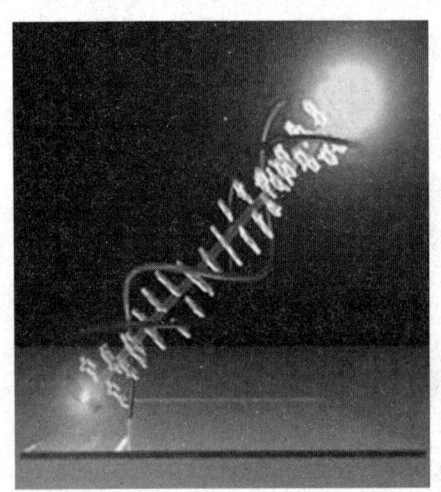

DNA 示意图

"总司令" DNA 这样神通广大,那么它是什么样的呢?要讲 DNA 的"长相",首先向大家介绍两位科学家,因为这里的许多故事都来源于他们的科研成果。这两位科学家是美国的分子生物学家沃森和英国的生物学家克里克,他们在 1953 年根据自己的研究和前人的科学成果提出了著名的"DNA 分子互补双螺旋结构模型"。随着科学的发展,不断地证实这一模型是可靠的、正确的。现在电视屏幕、书籍封面,乃至中关村科学城街头上的雕塑,经常能看到这位"总司令"——DNA 的双螺旋结构模型。也正是这个模型的提出,促使分子生物学和分子遗传学的发展产生了一个飞跃。

现在请大家脑子里想着那位"总司令"——DNA 的模型,我们在这里给大家描述一下它的分子结构。DNA 分子结构就像一个围绕中轴向右盘旋的楼梯,楼梯的两侧扶手是由许多脱氧核糖和磷酸连接成的长链,两边的"扶手"各向内伸出 1 个碱基,2 个碱基间相互吸引而配对,就像是楼梯的一级级台阶。科学家们把 1 个磷酸、1 个脱氧核糖、1 个碱基三者连接起来作为一个单位,起名叫脱氧核苷酸。如果是 1 对脱氧核苷酸,那么正好是楼梯的一级台阶和它所连接的两侧扶手。如果从每一级台阶的中间分开,也就是从两个碱基之间把它们分开，就可以看出，DNA 是由 2 条脱氧核苷酸的长链组成的，所以叫做 DNA 双链。

双链 DNA 很长，由许许多多的脱氧核苷酸连接而成。在人类细胞的 46 条 DNA 中，最小的大约有 5000 万级"台阶"，而最大的有 1.2 亿个"台阶"组成。可以想象 DNA 是一个多大的分子了。

从 DNA 的模型图中可以看出，"总司令"就像是一个顶天立地的螺旋楼梯，我们可以沿着那一级级"台阶"，一步步登上探索生命奥秘的领地。

"总司令"DNA 还有一个独特的功能，就是能够自己复制自己。随着生物体的长大，细胞数目就要增多。一些细胞老化死掉了，而新细胞就要接替上来。在细胞的增殖和新陈代谢中，DNA 能够巧妙地把自己复制一份，均等地分配到分裂的细胞中。DNA 的复制很有特点，它先把自己分成两半，每一半都按一定的规则去合成另一半。就这样，分成两半的 DNA 经过各自合成另一半之后，就形成完全一样的 2 个完整 DNA 了。每一个新复制的完整 DNA，其中一半是原来的 DNA，另一半则是新合成的。包含在 DNA 中的"生命密码"，随着完整 DNA 的形成，也形成全部的信息。这样当细胞分裂时，DNA 先要进行复制，复制后的 DNA 就可以把完全相同的 2 套 DNA 均等地分配到分裂的细胞中。这样，新分裂的细胞也和其他细胞一样，具有了相貌完全一样的"总司令"了。

在生物体的 DNA 中，构成"楼梯扶手"的磷酸和脱氧核糖都是一样的。只有组成"台阶"的碱基是 4 种。它们虽然有自己的名字，但都很特别，叫做鸟嘌呤、腺嘌呤、胞嘧啶、胸腺嘧啶。这些古怪的名字不好记，小读者记住它们的符号，鸟—G；胞—C；腺—A；胸腺—T。经过科学家的研究发现，G、C、A、T 四种碱基的排列在 DNA 中是有一定规则的。它们总是 G 和 C 一组相互配对，A 和 T 一组相互配对。这就像拼板玩具中，能拼合在一起的图板需要有互补的形状。在 DNA 中 A 与 T 的形状是互补的，这样一条 DNA 单链上的每一个 A 都是和另一条链上的 T 相连接。同样 G 的形状是和 C 互补的，G 绝不和 A 或 T 相连，也不和另一个 G 相连。G 的形状决定了它只能和 C 相连。可以看出，如果懂得了一点分子生物学知识，生命的奥秘又显得这样简单。

核　酸

核酸：由许多核苷酸聚合成的生物大分子化合物，为生命的最基本物质之一。核酸广泛存在于所有动物细胞、植物细胞、微生物内。生物体内核酸常与蛋白质结合形成核蛋白，在生长、遗传、变异等一系列重大生命现象中起决定性的作用。不同的核酸，其化学组成、核苷酸排列顺序等不同。根据化学组成不同，核酸可分为核糖核酸，简称 RNA 和脱氧核糖核酸，简称 DNA。

██ 核酸的另一大类——RNA

我们了解了脱氧核糖核酸——DNA 的情况，再来看看核酸的另一大类核糖核酸——RNA。从名字可以看出 RNA 和 DNA 差不多。只是脱氧核糖成了核糖，实际上，这两类核酸还真差不多，要不然怎么把它俩归到一家呢。RNA 也是由核苷酸组成的长链，但比 DNA 小得多，也不像 DNA 那样是双链分子，通常以单链形式存在。在 RNA 的 4 种碱基中，不含有 T，而是被一种称为尿嘧啶的碱基所代替，尿嘧啶的符号是 U。这样 RNA 的 4 种碱基就是 G、C、U、A 了。U 与 A 配对。除这些外，最主要的不同是由于组成长链中的核糖不同。DNA 由脱氧核糖组成，RNA 由核糖组成。可别小看了这一点点的不同，就因为核糖的脱氧和不脱氧，使得 DNA 比 RNA 要稳定 100 万倍。

RNA 有大有小，并且"长相"各异。它们的"长相"和它所担负的任务有密切的联系。生物学上叫做结构和功能的统一。根据 RNA 所具有的不同功能

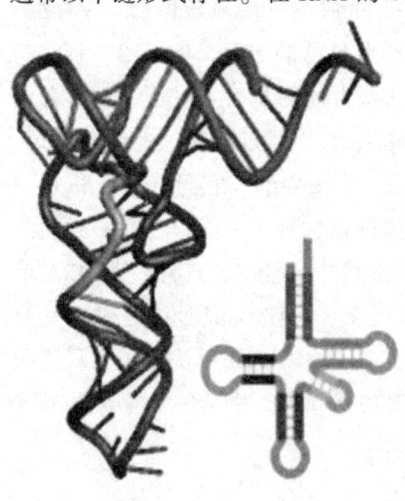

RNA 示意图

和所承担的不同任务，把它们分成 3 大类：核糖体 RNA（rRNA），信使 RNA（mRNA），转移 RNA（tRNA）。

（1）奇特的"制造厂"——核糖体。

核糖体 RNA 和一些蛋白质共同组成了一个葫芦状的核糖体。在细胞中核糖体是一些极微小的颗粒，但它非常重要。因为在生命活动中起主要作用的蛋白质，就是在这些颗粒中生产的。所以我们称核糖体是蛋白质的"制造厂"，或者是生产蛋白质的"工作台"。

对蛋白质大家比较熟悉，我们现在要从分子生物学的角度，介绍一下蛋白质。蛋白质也和 DNA、RNA 一样，属于生物大分子。它是由 20 种不同的氨基酸组成。在人体中，组成蛋白质的氨基酸连接起来，形成长长的链状结构，再折叠盘绕，就成了蛋白质。前面讲的核糖体这个蛋白质的"加工厂"，就是把一个一个的氨基酸连接起来，形成长链结构。

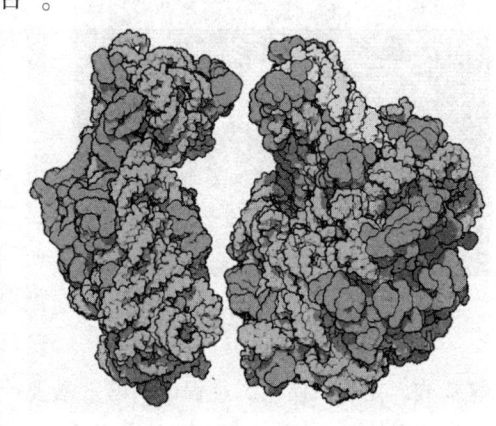

核糖体示意图

我们人体中有成千上万种蛋白质，主要区别是 20 种氨基酸形成长链时，它们的排列顺序不同。这样产生极多种类的蛋白质，来表现我们复杂的生命特征。但我们前面讲的生命特征是由 DNA 来决定的。那么 DNA 是如何指挥蛋白质执行各种生物功能呢？请小读者继续往下读。

（2）忠诚的信使——mRNA。

mRNA 是核糖核酸的一种，叫做信使核糖核酸。一听到信使，小读者会问：是谁的信使呀？可能大家很快会猜出，它一定是那位"总司令"的信使。在细胞中，DNA 携带着生命活动的全部"密码"非常宝贵，"居住"在细胞核中，必须好好保护，那里受伤害的可能性最小。但在细胞的其他部分，相当活跃。比如分解"食物"、提供能量、制造蛋白质等，都需要得到细胞核里的 DNA 进行指导，把 DNA 所掌握的生命信息由细胞核内传向细胞核外，就是由 mRNA 来完成的。

RNA 的"长相"也和 DNA 相似，但它是一条单链，要比 DNA 短得多。

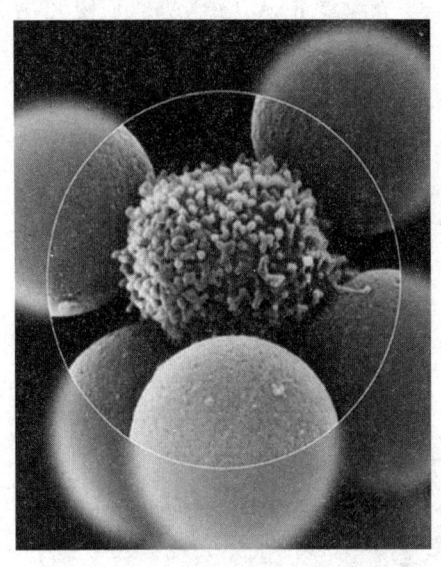

mRNA 示意图

当生命活动需要某些蛋白质时，"总司令"DNA 就会"培养"和"训练"出许多信使 RNA，把生产蛋白质的指令传给它们。这些收录了"总司令"指令的"信使"由细胞核出来到细胞质中，指导蛋白质的生产。可以看出，DNA 所携带的遗传信息，都是通过信使 RNA 来传达的。

（3）高超的"传递官"——tRNA。

tRNA 是核糖核酸中非常小的一类，学名叫转移 RNA。这个"传递官"有 2 个特点：①它能识别"信使"转抄来的遗传密码；②它和组成蛋白质的 20 种氨基酸一一对应，也就是每一种 tRNA 可以特异地识别一种氨基酸。在蛋白质生产过程中，氨基酸要严格地根据信使 RNA 中的"密码"进行排列连接，可氨基酸却不认识这些"密码指令"，所以只能由 tRNA 带领，送进合成蛋白质的"制造厂"——核糖体，根据信使 RNA 由 DNA 那里转抄来的"令"，按顺序排列成长链。这个由氨基酸按一定规则排列起来的长链就是新生产的蛋白质。可以看出，转移 RNA 是 20 种氨基酸和信使 RNA 之间的"联络员"、"传递官"。

知识点

氨基酸

氨基酸：含有氨基和羧基的一类有机化合物的通称，是生物功能大分子蛋白质的基本组成单位，也是构成动物营养所需蛋白质的基本物质。在生物界中，构成天然蛋白质的氨基酸具有其特定的结构特点，即其氨基直接连接在 α-碳原子上，这种氨基酸被称为 α-氨基酸。在自然界中共有 300 多种氨基酸，其中 α-氨基酸有 21 种。α-氨基酸也是构成生命大厦的基本砖石之一。

蛋白质在生命活动中的表现

在生命活动过程中，把蛋白质比喻成主力军一点也不过分。生命的遗传繁衍中，DNA 起了决定作用，在体内产生蛋白质，RNA 立下汗马功劳。可生命活动的体现，就要看蛋白质的"表演"了。在人体中，蛋白质的种类繁多，数量极大，具有各种各样的生物功能。大家知道，肌肉的主要成分是蛋白质：肌肉强有力的收缩或舒张，带动骨骼使我们能运动。肌肉的收缩就是通过两种蛋白丝的滑动来完成的。肌肉收缩需要能量和氧，在肌肉中担负输氧功能的是肌红蛋白，在血液中起运输氧作用的是和肌红蛋白相似的另一种蛋白（血红蛋白）。还有我们眼睛中能够感光的视紫红质，也是位于视网膜视杆细胞中的光受体

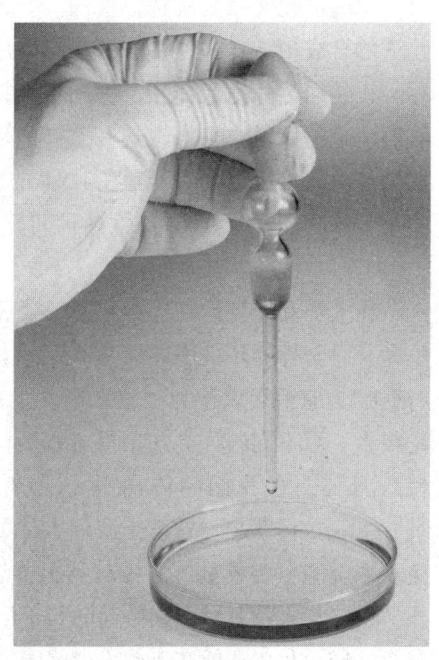

酶示意图

蛋白。蛋白质在生命活动中的功能，远远不止这些，下面向大家介绍的就是这个主力军中的几个特殊部队。它们各自形成独特的体系，发挥不同的功能，使生命体在自然界有条有理，充满生机。

酶是一类具有催化功能的蛋白，我们对它都很熟悉。如果把一小块馒头放在嘴里多嚼一会儿，就会感觉到越嚼越甜，那就是唾液中的淀粉酶在起作用了，把不甜的淀粉分解成有甜味的麦芽糖。我们每天吃的米饭、馒头、鸡、鸭、鱼、肉、萝卜、青菜通过牙齿切成小块就咽进肚里，好像完成了任务，其实，"节目"刚刚开始。食物的主要成分是淀粉、脂肪和蛋白质，这些都要在胃、肠中通过淀粉酶、脂肪酶、蛋白酶把它们分解成非常小的、能溶于水的物质，再进一步通过酶分解成葡萄糖、脂肪酸、氨基酸，这些物质能在肠

道被吸收，通过血液送往细胞中。在细胞里还是由许许多多的酶把这些物质再分，供给我们能量，供给我们热量；或者被分解形成各种原料，为我们的生长、发育做准备。前面讲到的 DNA 复制自己，RNA 转抄 DNA 的密码，以及把众多的氨基酸连成长链，构成蛋白质，每一个过程都离不开酶的作用。

酶的催化作用是有选择性的。一种酶只对一种或一类物质起作用。各种物质的合成中有各种独特的酶在起作用，DNA 对生命的控制，遗传信息的表达，正是通过酶来起作用。因此，生物体的形状和特征也是以酶的作用为基础的。换句话说，生物将具有怎样的形状和性质，决定于细胞中含有什么样的酶。由此可以想到，若是在 DNA 的遗传密码中或是在遗传密码的传递过程中某一种酶发生了问题，那对我们整个生命将是多大的影响。酶称得上是"主力军"中的"指挥官"了。

在人类和哺乳动物体中还有一类重要的蛋白质，它们在时时刻刻保卫着生命，以防外界环境中的"敌人"入侵。血液里的抗体蛋白就是这样的一类"战士"，它们可以称为"主力军"蛋白质中的"警卫部队"。抗体的数量不是很多，可不同的种类却多得难以数清。每当外界的病毒或其他生物大分子侵入身体，在我们的体内马上会产生能够识别这些入侵者的"警卫人员"——抗体蛋白。这就是我们人体的免疫系统在起作用。抗体蛋白是这个免疫系统的主要成员。它极其英勇善战，能够尖锐地识别入侵之敌，勇敢战斗，最终与入侵者结合在一起同归于尽，绝不让入侵之敌对身体起破坏作用。只有这样，我们才能在自然界中健康生活。

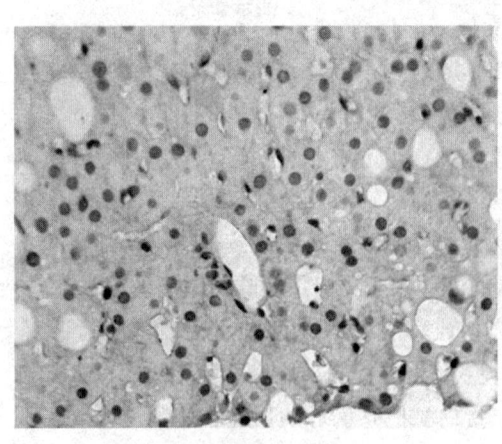

抗体蛋白示意图

大家可以设想，如果没有像抗体蛋白这样英勇善战的"警卫人员"保护身体，我们将会怎样生活呢？美国得克萨斯州休斯敦的一所医院里，医生把一个出生不久的小男孩放在无菌的塑料罩里。因为这个小男孩患有"免疫功能缺陷综合征"。得了这种病的小男孩只能用无菌的塑料罩罩着，和外界相隔离，不能和任何人直接接触。护士每天把消过毒的食物通过空气闸输送给他，让他呼吸过滤的空气，防止肺部被细菌、病毒感染。就是这样进行保护，小男孩也只活了 12 年。可以看出，人体若没有一套自身保卫系统，是不能在这个世界上长久生活的。在这里，自身保卫系统的主将——抗体蛋白（也称免疫球蛋白）立下了奇功。

蛋白质的三大基础生理功能

蛋白质的三大基础生理功能分别是：构成和修复组织、调解生理功能和供给能量。蛋白质是构成机体组织、器官的重要成分，人体各组织、器官无一不含蛋白质。同时人体内各种组织细胞的蛋白质始终在不断更新，只有摄入足够的蛋白质才能维持组织的更新，身体受伤后也需要蛋白质作为修复材料。另外，蛋白质在体内是构成多种重要生理活性物质的成分，参与调节生理功能。最后，供给人体能量是蛋白质的次要功能。

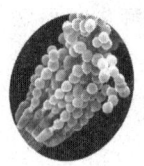

探索微观生命世界

TANSUO WEIGUAN SHENGMING SHIJIE

微观生命是微观世界最为重要的组成部分，微观世界也是个"热闹"的世界。科学家发现最早的古生物化石是 32 亿年前的细菌化石，实际上，原始细菌（原核细胞生物）在地层中留下了许多活动的痕迹。据科学家推算，最早的原核细胞生物在 35 亿年前就已经出现。在现代生物中，细菌类都属于最简单的无核单细胞生物，由此人们认为它们属于最低等、最原始的生物，殊不知，它们都已经进化了几十亿年了，是不折不扣的现代生物。微观生命世界有其属于它们自身的内在的规律和特征，也有其不可替代的地位和作用。

古细菌、真核细胞

迄今为止，科学家发现的最早的古生物化石是 32 亿年前的细菌化石。实际上，这些最早的原核细胞生物（原始的细菌类）在地层中留下许多的活动痕迹。在非洲、澳大利亚和加拿大等地都发现了一些称为叠层石的岩石层，其中含有远古的原核细胞生物活动的痕迹。从这些岩层的地质年龄推算，最早的原核细胞生物在 35 亿年前就已经出现，其后种类越来越多。

在最早的原核细胞生物分化过程中，最重要的是古细菌与真细菌的分化。

在现代生物中，由于细菌类都是最简单的无核单细胞生物，因此人们一般都认为它们是低级、原始的生物。其实，它们都是已经进化了几十亿年的现代生物了。对不同种类现代细菌的分子进化研究发现，在一类能够利用二氧化碳和氢气产生甲烷的厌氧细菌以及生长在极浓的盐水中的盐细菌、可以在自然的煤堆里生长的嗜热细菌、在硫黄温泉中或是海底火山区生长的嗜硫细菌等类群中，核糖体 RNA（rRNA）的分子序列与一般细菌的 rRNA 分子序列十分不同，其相差程度比一般细菌 rRNA 分子序列与真核生物（细胞中含有细胞核的生物）的 rRNA 分子序列的差异还要大。据此，科学家认为这些"不一般"的细菌应该代表一个既不同于一般细菌，也不同于真核生物的生物类群，因此把它们称为古细菌（或古核生物），而把一般的细菌称为真细菌（或原核生物）。

由于现代的古细菌的生活环境相对来说比较接近原始地球的环境，因此可以认为它们是地球上最原始的生物的比较直接的后代；换言之，地球上最初的原核细胞生物可能是古核生物而不是原核生物。

进一步研究发现，古细菌的其他一系列分子生物学特性都与真核生物有不少相似之处；而真细菌却在很多其他的分子生物学和细胞生物学性状上与古细菌相差甚远，它们拥有不少进化或是特化的性状。因此，真核生物的祖先应该是远古的古核生物而不是原始的原核生物。

至于真核生物或是真核细胞的起源，则是由于某种原核生物在某种古核生物细胞内形成了内共生关系的结果。

由于迄今所知最古老的真核生物化石已有近 21 亿年的历史，许多科学家推测，最早的真核生物可能早在 30 亿年前就出现了。真核细胞的直接祖先很可能是一种巨大的具有吞噬能力的古核生物，它们靠吞噬糖类并将其分解来获得其生命活动所需的能量。当时的生态系统中存在着另一种需氧的真细菌，它们能够更好地利用糖类，将其分解得更加彻底以产生更多的能量。在生命演化过程中，这种古核生物将这种原核生物作为食物吞噬进体内，却没有将其消化分解掉，而是与之建立起了一种互惠的共生关系：古核细胞为细胞内的真细菌提供保护和较好的生存环境，并供给真细菌未完全分解的糖类，而真细菌由于可以轻易地得到这些营养物质，从而产生更多的能量，并可以供给宿主利用；因此，这种细胞内共生关系对双方都有益处，因此双方在进化中就建立起了一种逐步固定的关系。在古核细胞内共生的真细菌由于所处

的环境与其独立生存时不同，因此很多原来的结构和功能变得不再必要而逐渐退化消失殆尽；结果，细胞内共生的真细菌越来越特化，最终演化为古核细胞内专门进行能量代谢的细胞器官——线粒体。同时，一方面原来的古核细胞的能量代谢越来越依赖于内共生的真细菌的存在，另一方面为了避免自身的一些细胞内结构，尤其是遗传物质被侵入的真细菌"吃掉"，它们也产生了一系列应激性的变化。首先是细胞膜大量内陷形成了原始的内质网膜系统，限制了线粒体前身真细菌的活动；而后，原始的内质网膜系统中的一部分进一步转化，将细胞的遗传物质包在一起形成了细胞核，这一部分内质网就转化成了核膜。从此，一种更加进步的生命形式诞生了，这就是真核细胞，也就是最初的真核原生生物。

细胞核的产生使真核细胞的细胞核和细胞质相对分离，遗传信息的转录与翻译分别在核内和细胞质中进行，因此提供了一种有利于基因组向更加复杂化和多功能化发展的环境。

就在原始的真核细胞通过线粒体内共生的方式从古核生物中起源的同时，一部分这样的古核生物在吞噬线粒体前身真细菌的同时，还吞噬了某种原始的蓝细菌。这些蓝细菌也通过类似的内共生过程成为这些古核生物细胞内的一种细胞器，行使光和自养功能。这样，吞噬了原始蓝细菌的古核生物最终进化成最初的真核原生植物，而内共生的蓝细菌则演变成叶绿体。

从生态学的角度来看，线粒体和叶绿体的内共生过程实际上都是某种真细菌在进化过程中，将原来在生态系统中占据的生态龛固定在了另外一些古核生物细胞内部，将这种古核生物本身当作了一个专享的固定的生态龛，从而产生了一种结构更加复杂的新系统，并且附加了新性质——原来的古核生物和真细菌功能互补，不可分割，共同进化，最后成为一个统一的新型生命类群。因此可以用生态学的观点，将真核细胞的起源的这种内共生模式定义为"固龛整合效应"。

蓝细菌

蓝细菌：又叫蓝绿藻、蓝藻，是指细胞质中含有光合膜的原核生物。大多数蓝细菌的细胞壁外面有胶质衣。在所有藻类生物中，蓝细菌是最简单、最原始的一种。蓝细菌是单细胞生物，没有细胞核，但细胞中央含有核物质，通常呈颗粒状或网状，染色质和色素均匀分布在细胞质中。有的含有蓝藻叶黄素，有的含有胡萝卜素，有的含有蓝藻藻蓝素，也有的含有蓝藻藻红素。红海就是由于水中含有大量藻红素的蓝细菌，使海水呈现出红色。

原核生物——细菌

提起细菌，人们首先想到的恐怕是那些导致疾病、残害生命的病原细菌，因此难免"谈菌色变"。实际上，病原菌只是细菌的一部分，而在细菌家族的大千世界里，大多数细菌能够给人类带来很大的益处，生产味精等食物添加剂、净化环境等都离不开细菌。

细菌是一类构造简单的单细胞生物，个体极小，必须用显微镜才能够观察得到。它没有成型的细胞核，只有一些核质或是分散在细胞里的原生质中，或是以颗粒状态存在。因此，科学家称它们为"原核生物"。

细菌的种类繁多，而且分布极为广泛，从地球上 1.7 万米的高空到 1.07 万米的海洋深处到处都有细菌的踪迹。发现在非洲南部的单独曙细菌化石是迄今为止科学家发现的最古老

食物添加剂示意图

的细菌化石，也是所有古生物化石中最古老的代表。单独曙细菌是一种原核生物，年代测定表明的生活时代为距今 32 亿年前。由于类似于单独曙细菌这样的地球上最早的生物类型都是结构很原始的单细胞生物，即使形成化石也非常轻散、脆弱、易碎，因此长期以来，科学家一直没有发现这些原始生命的其他可靠的化石。

后来，一些科学家在对水成岩中的风化型条带状富铁矿的成因进行分析时，竟然发现这种富铁矿是由一种生活在远古的微生物——铁细菌形成的；

而且，形成这些富铁矿的那些铁细菌生存的年代最早也可以上溯到 32 亿年前。

铁细菌具有一般细菌的共同特征，都是直径只有几微米到几十微米的单细胞生物，而且是细胞内没有形成细胞核的原核生物，只有在放大成千倍的显微镜下才能发现它们。有些铁细菌细胞为椭圆形或杆形，相互联系起来形成相当长的线体，有的单个铁细菌就是一条细而长的线体；有些铁细菌呈球形、弧线形或杆形带柄或分枝的形态；有的铁细菌形成小瘤状、带状或螺旋状。这些铁细菌外面都包裹着一层薄薄的"铁甲"——皮鞘。

铁细菌在生活过程中，摄取铁质和硅酸等无机物。在沼泽和湖泊中，铁元素通常以可溶性的氢氧化亚铁的形式存在，被铁细菌摄入后，在菌体内经过酶的催化作用，把它氧化成不溶性的三氧化二铁。

这些不溶性的铁化物和硅化物等无机物被铁细菌分泌到体外，就形成了以铁为主要成分的皮鞘。十分有趣的是，铁细菌的皮鞘往往比其身体大几倍或几十倍。铁细菌可以在皮鞘中前后移动，有时还可以伸出鞘外，重建新的皮鞘，而脱落的皮鞘就在水中沉淀下来，聚集成铁矿。你可能不会想象到，这种生活在亿万前年的铁细菌，竟是通过这样的生活方式，成了造铁的"能工巧匠"，为今天的人类提供了极为丰富的铁矿资源。

在美国、加拿大、前苏联、澳大利亚、印度和非洲南部前寒武纪距今 18 亿～32 亿年前的沉积岩中，科学家都发现了条带状的铁矿层，其中普遍含有铁细菌化石。如果将岩石或矿石磨成薄片，在高倍率的生物显微镜或电子显微镜下观察，就可以看到铁细菌化石。

细菌不仅分布广泛，而且种类繁多，长相也各有不同，科学家通常根据外形把它们分为 4 个类群：球状的称为球菌，长圆柱形的称为杆菌，细胞略呈弯曲或弓形的称为弧菌，呈螺旋状的称为螺旋菌（也叫做螺旋体）。

在球菌中，有的孤身只影，称为单球菌，例如尿素小球菌；有的成双成对，称为双球菌，例如肺炎双球菌；有的 4 个菌体连在一起，称为四联球菌；有的 8 个菌体像"叠罗汉"一样地叠在一起，称为八叠球菌，例如藤黄八叠球菌；有的菌体像一串串珠子链儿一样连在一起，称为链球菌，例如乳酸链球菌；还有的菌体不规则地聚集在一起，看起来像一串串葡萄，称为葡萄球菌，例如金黄色葡萄球菌。

杆菌中又分为长杆菌（例如结核杆菌）、短杆菌（例如谷氨酸生产菌）

和中型杆菌（例如大肠杆菌）。有的杆状菌体能连在一起，这样的杆菌称为链杆菌（例如炭疽杆菌）。还有的杆菌体能长出侧枝，这样的杆菌称为分枝杆菌（例如结核杆菌）

除了上述这 4 个类群之外，还有一类丝状细菌，其杆状菌体连成长链，外面由一个共同的黏质衣鞘包围，形成丝状或毛发状的菌丝。这样的细菌称为鞘衣细菌，常见于下水道或其他有机质丰富的水里。

如果我们把细菌切开来观察，细菌的最外层是结实的保护层，称为细胞壁，它包裹着整个菌体使细胞有固定的形状。其主成分是肽聚糖。细胞壁的里面是一层又薄又柔软而且富有弹性的透膜——细胞膜，它是细胞内外的交换站，控制着细胞内外的物质交换。细胞膜由脂类、蛋白质和糖类组成，它的里面就是细菌的所有生命物质——细胞质。细胞质由一团黏稠的胶状物质组成，内含各种酶系统，是生物化学反应的场所，也是贮藏代谢产物的"仓库"，化学成分主要是水、蛋白质、核酸和脂类等。细菌的细胞质内有一个核区，但是这种"核"与真核生物的细胞核不同，没有核膜包围，只是由遗传物质卷曲缠绕而成，其化学组成主要是核酸。

有些细菌除了具有一般的细胞结构外，还具有一些特殊的结构，如荚膜、芽孢、鞭毛等。

荚膜是某些细菌细胞壁外具有的一层果冻般的黏液状的膜，可以阻抗有害化学物质对细菌的侵害。因此，有荚膜的细菌不易被药物杀死。荚膜的成分因细菌而异，大多数是多糖或多肽。

某些细菌在其生命活动中的某个阶段可以从营养细胞内形成一个圆形或卵圆形的内生孢子，称为芽孢。芽孢是细菌的休眠体，含水量低，壁厚而致密，对热、干燥和化学物质的伤害的抵抗能力很强。芽孢能够脱离细胞独立存在，在干燥的环境里能存活 10 年之久，当条件适宜时，芽孢就发芽长成新的菌体。但是芽孢不是繁殖后代的方式，因为一个菌体只能产生一个芽孢。细菌繁殖后代是以细胞分裂的方式进行的。

有些杆菌和弧菌还能长出很细很长的被称为"鞭毛"的丝状物。鞭毛是深植于细胞质中的运动器官，鞭毛的旋转可以推进细菌迅速地运动。球菌通常没有鞭毛，杆菌中有的有而有的没有，有的则在生长过程中的某一阶段才有。弧菌和螺旋菌都有鞭毛。有些细菌如螺旋体等不借助于鞭毛运动，而是借助于细胞中有弹性的轴丝体伸缩而使菌体运动。

今天常常引起人们恐慌和误解的细菌，它们遥远的祖先不仅奠定了整个生物界在以后的岁月里进化发展的生物学基础，而且其中的一些分子还为发展到今天的智慧生物——人类的进步积累了不可或缺的矿物资源。

单细胞生物

单细胞生物：是指只有一个细胞构成的生物。生物可以根据构成的细胞数目分为单细胞生物和多细胞生物。单细胞生物个体微小，全部生命活动在一个细胞内完成，一般生活在水中。单细胞生物在整个动物界中属最低等最原始的动物，包括所有古细菌、真细菌和很多原生生物。单细胞生物主要分有核和无核单细胞生物。

细菌在酸奶形成过程中的作用

酸奶示意图

细菌的历史远比人类古老。在我们的日常生活中到处都有细菌的存在。随着科学的进步和发展，人们不会再"谈菌色变"，因为细菌也有它有利的一面。而让牛奶变酸奶的过程，就缺少不了细菌，这种细菌叫做保加利亚乳杆菌。那么这种细菌是如何工作的呢？它的进化过程与酸奶有什么关系呢？

据科学家研究，这些细菌在消耗牛奶中的糖分的同时，还让其他细菌无法寄生在牛奶之中，从而防止牛奶变质。此外，通过把牛奶中的一些蛋白质分解成小块，这些细菌让牛奶具有了一种独特的味道，成为酸奶。

　　为了更好地理解这些细菌，科学家们开始破译它们的基因序列。法国科学家最近公布了酸奶中一种常见的细菌的基因序列。

　　通过科学研究，这些细菌最初可能是一种生活在植物上的细菌，因为这种细菌的基因组中包含一些可以分解植物中糖分的基因。然而，在保加利亚乳杆菌基因组中，这类基因大都遭到破坏。

　　不过，保加利亚乳杆菌在失去一些基因的同时获得了另外一些基因，其基因组中的一大部分基因来自于一种不同类型的细菌。保加利亚乳杆菌的基因转变可能开始于其祖先偶然掉进鲜牛奶的时候。自此以后，由于人类有意识地制造酸奶，使这种细菌的进化具有了方向性：植物细菌的特征逐渐消失，而有利于酸奶生成的一些特征得到了强化。

保加利亚乳杆菌

　　保加利亚乳杆菌：指保加利亚酸奶中的乳酸菌，在分类上属于乳酸杆菌，因其菌种产地、微生物特性、效能优异等特点，被微生物学家命名为德氏乳杆菌保加利亚亚种，简称保加利亚乳杆菌。乳酸菌是一组菌的总称，其中包括乳球菌、片球菌、明串球菌、乳杆菌和双歧杆菌，其中以保加利亚乳杆菌为代表，它们有一个共同的本领，就是能发酵糖而获得能量，产生大量乳酸。

细菌在不断变异中

　　自从 1928 年发现、1943 年生产出青霉素以来，人类同病菌开始了一场竞赛。1946 年，就在青霉素获得应用的第 5 年，医生们就发现了不易被青霉素攻破的葡萄球菌。

　　为什么会出现这样的情况呢？我们在前面已经讲过，细菌也如同其他生物一样，能把它们的性状传给后代，这就是遗传；而后一代的性状与它们的亲代相互之间也有差别，这叫变异。细菌的细胞里也有决定它们性状的遗传物质，这些遗传物质的一个小单位叫做基因，它能决定细菌的某个性状。例如，细菌是球状的还是杆状的，是有鞭毛的还是无鞭毛的，是需要氧气的还是不需要氧气的等，都是由不同的基因来决定的。由于种种原因，基因会发生一些结构的改变，从而引起性状的改变，这就叫基因突变。

在用青霉素杀灭葡萄球菌时，大部分葡萄球菌死亡了，而极小部分葡萄球菌细胞里的基因发生了突变，使它们能抵挡住青霉素。这样的基因就叫耐药基因，它们使葡萄球菌具有了耐药的性状，对于青霉素的攻击，它们毫不畏惧、无动于衷。更可怕的是，它们能把耐药的基因传给后代，也可以通过一定的方式转移给其他细菌，甚至转移给不同种的细菌。这样使细菌的耐药性能迅速广泛地散布。

当有的人患了很普通的由病菌感染引起的疾病时，医生给他使用了青霉素，但很长一段时间并不见效，病情反而加重了。可以肯定，感染的病菌对青霉素有耐药性了，医生必须更换其他药物才能治好他的病。

病菌对青霉素的耐药性，促使聪明的科学家去发现新的抗生素药物。这些药再一次打得病菌们投降了。但是，病菌们再次顽抗，对新药有耐药性的病菌又出现了，接着又产生了更新的药，随之，对此药的更新的耐药细菌也出现了，比赛就这样进行着。这是一场没有终点的比赛，人类制造的药物始终保持着微弱的领先地位，但稍不留意，就有被超过的可能。

耐药的肺结核菌的出现，使肺结核病的幽灵再次徘徊在人们头上。仅在20余年前，肺结核还被认为是一种从此以后不会再有的疾病。但20世纪90年代初，世界卫生组织宣布：世界面临着肺结核病的威胁。新的病例在全世界正以每秒钟1例的速度回升。全世结核病的新病人，1990年为750万人，1994年为880万人，2000年可能达到1020万人。大约每年有300万人死于肺结核病。医学家们估计：20世纪90年代共有9000万人感染肺结核病，其中3000万人将死于此病。

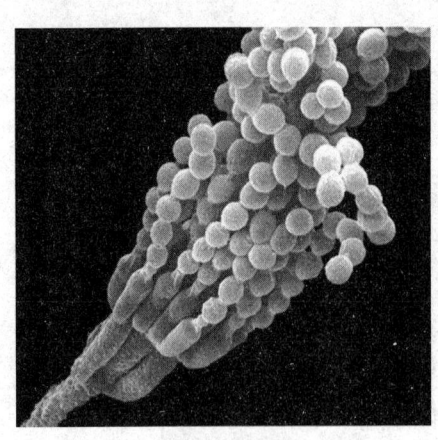

青霉素示意图

不仅仅是耐药的结核菌对人类产生了新的威胁，那些引起肺炎、霍乱和化脓感染等的病菌也同样有了耐药性。

霍乱于1991年在南美洲流行过，现在俄罗斯和东欧也出现了它的魔影。非洲卢旺达由于内战频繁，人民流离失所，那里的难民营成了霍乱病菌为所欲为的场所。而霍乱病菌正是从人们的肠道中生存的普通的大肠杆菌身上获得了耐药性，使得原来治疗霍乱的药物不起作用。

如今每一种致病细菌都能对100多种抗生素中的至少1种有耐药性。更有甚者，有些细菌除一种药外，对其他所有药物都有耐药性。常见的葡萄球菌有一些已经对除了万古霉素以外的各种抗生素药物产生了耐药性。也就是说，只有万古霉素这种药物能杀死它们，其他药物是无能为力的。据一本医学杂志报道，1991年9月至1992年9月，在美国纽约医院特护病房，有一种对各类抗生素都具有耐药性的新细菌曾经出现并迅速蔓延过。可想而知，如果这种细菌得不到有效的控制，那对人类是多么可怕的事情！

细菌在与人类竞赛，人类千万不能等闲视之，麻痹大意。不然的话，人类将重新陷入疾病的苦海之中。

 知识点

病　菌

病菌：指能使人或其他生物生病的细菌。病菌形体微小，它们通过多种途径进入人体，并在人体内繁殖，感染人体。病菌可以分为细菌和病毒。细菌是较大的病菌，长约1微米，一万个细菌排起来有1厘米。病毒是最小的病菌，流行感冒、麻疹都是由病毒感染引起的。病毒介于生物和非生物之间，全长不足0.1微米，100万个病毒排起来长约1厘米。病菌是无孔不入的，任何地方都有可能是病菌的栖身之所。

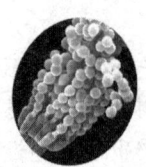

日新月异的克隆技术
RIXINYUEYI DE KELONG JISHU

　　如今，克隆技术可说是"炙手可热"，虽然，克隆技术的理论在很久以前就已经出现，但克隆的成果和技术的相对成熟则是近些年的事。克隆羊"多利"的成功克隆如一石入水激起千层浪，紧接着，克隆牛、克隆兔、克隆猴等相继问世，随即克隆人也被提了出来，一时间，克隆成了最时髦的词，克隆技术成了各国争相发展的热门技术。同时，由克隆引发的世界性大争论也开始了，争论双方各有依据，孰对孰错，一时间很难给出确切的答案。实际上，克隆技术同很多技术一样，是柄双刃剑，关键在于将其应用到哪个领域，如将其应用到合适正当的领域，它必将发挥出它应有的力量，造福于人类。

克隆技术的定义

　　克隆是英文"clone"一词的音译，一般意译为复制或转殖，它是利用生物技术由无性生殖产生与原个体有完全相同基因组之后代的过程。科学家把人工遗传操作动物繁殖的过程叫克隆，这门生物技术叫克隆技术。其本身的含义是无性繁殖，即由同一个祖先细胞分裂繁殖而形成的纯细胞系，该细胞系中每个细胞的基因彼此相同。

克隆通常是一种人工诱导的无性生殖方式或者自然的无性生殖方式（如植物）。一个克隆就是一个多细胞生物在遗传上与另外一种生物完全一样。克隆可以是自然克隆，例如由无性生殖或是由于偶然的原因产生两个遗传上完全一样的个体（就像同卵双生一样）。但是我们通常所说的克隆是指通过有意识的设计来产生的完全一样的复制。

克隆技术在现代生物学中被称为"生物放大技术"，它已经历了3个发展时期：

（1）微生物克隆，即用一个细菌很快复制出成千上万个和它一模一样的细菌，而变成一个细菌群。

（2）生物技术克隆，比如用遗传基因——DNA克隆。

克隆绵羊"多利"

（3）动物克隆，即由一个细胞克隆成一个动物。克隆绵羊"多利"由一头母羊的体细胞克隆而来，使用的便是动物克隆技术。

非洲爪蟾示意图

而在生物学上，克隆通常用在2个方面：克隆一个基因或是克隆一个物种。克隆一个基因是指从一个个体中获取一段基因（例如通过PCR的方法），然后将其插入。另外在动物界也有无性繁殖，不过多见于非脊椎动物，如原生动物的分裂繁殖、尾索类动物的出芽生殖等。但对于高级动物，在自然条件下，一般只能进行有性繁殖，所以要使其进行无性

繁殖，科学家必须经过一系列复杂的操作程序。在 20 世纪 50 年代，科学家成功地无性繁殖出一种两栖动物——非洲爪蟾，揭开了细胞生物学的新篇章。

原生动物

原生动物：动物界中最低等的一类真核单细胞动物，个体由单个细胞组成。与原生动物相对，由多细胞构成的动物，称为后生动物。原生动物个体一般微小，绝大多数仅在 2－5 毫米之间。原生动物生活领域十分广阔，可生活于海水及淡水内，营底栖或浮游生活，但也有不少生活在土壤中或寄生在其他动物体内。原生动物一般以有性和无性两种世代相互交替的方法进行生殖。

▇▇ 克隆技术的产生、发展

事实证明，科学的发展既依赖于对科学问题的探索，也得益于人们美好的向往。

人们自古以来都向往像鸟一样在天空自由地飞翔。在古今中外的神话故事中，都有能腾云驾雾、骑着扫帚或驾着马车遨游于蓝天的神话人物，这足以表达了人们这种倾慕飞翔的心态。为了这一目标，古人在身上粘满羽毛，学着鸟的样子扑扇着"翅膀"作势欲飞。虽然这样的尝试都以失败而告终，但这种想飞的愿望却恰恰是飞行器发明的动力。

另有一些情况却是在技术成功确定之后，人们才想起：噢，我们可以用它来做这个。克隆技术无疑就是这样一种情况。

虽然在神话故事中有孙悟空抓把毫毛，

神话中的孙悟空

叫声"变"就变出了无数的小猴子，但实际上人们几乎没有再造一个自己的愿望。我们可以孝敬父母，疼爱子女，关心我们的兄弟姐妹，但我们如何来对待和我们一模一样的人呢？我们可能会随时地放纵自己，但决不会容许有一个和自己一模一样的人来取代自己。我们现在可以奴役机器，但却无法逼迫一个一模一样的自己挥汗如雨地劳作。

人们既然没有克隆自己的欲望，那么克隆其他生物的技术又是如何产生的呢？

克隆技术的产生是为了回答这样一个科学问题：已分化的细胞的细胞核内的遗传物质是不是发生了变化，这些变化是不是可逆？

前面已经讲过，经过许多代人的努力，人们已经知道决定生物遗传特性的信息存在于细胞核中染色体的 DNA 上，而且在细胞分裂的过程中，DNA 的数量没有发生变化。为了检验 DNA 的性质，也就是我们所说的"遗传信息书"的内容是否改变，德国科学家汉斯·施佩曼曾做了一个用婴儿头发丝

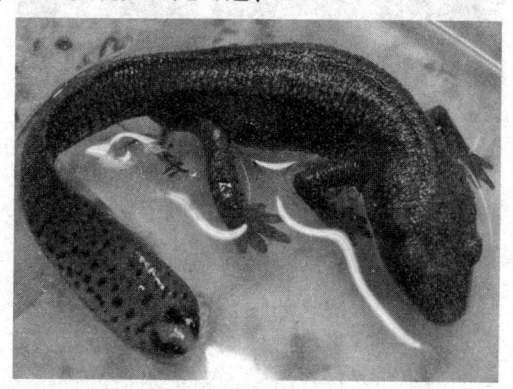

蝾螈示意图

将蝾螈受精卵系住的实验。他通过那个实验证实，在蝾螈胚胎发育到 16 个细胞时，每个细胞核中的"遗传信息书"都与受精卵中的那本完全相同。但是在蝾螈的受精卵发育到 16 个细胞时，这些细胞还没有发生类似于手和脑那种特异性的分化。所以，施佩曼的实验无法证明在完全分化的细胞中是否还有和受精卵中完全相同的遗传信息。

要解决这一问题，常规的实验方法已经不适用了。需要一种全新的实验技术，这就是我们现在所说的动物克隆技术——细胞核移植技术。

把已经分化的细胞核移植到没有遗传物质的卵细胞中，通过它是否能长成一个新的个体来判断遗传物质的完整性，这就是细胞核移植的设想。这个设想是施佩曼本人在 1938 年提出来的。在那时，实验技术还没有达到能自由地将细胞核换来换去的程度。因此，这一设想直到施佩曼去世也未能付诸实施。他的这一天才的设想，后来成为现代克隆技术的蓝本。

在细胞核移植工作能够完成之前，有 3 个技术难题必须解决：①在不损伤受精卵的前提下，从受精卵中把细胞核去除，即去掉卵细胞自身带有的遗传物质；②怎样才能分离得到完整的用于核移植的细胞核，也就是如何能把要克隆细胞的"遗传信息书"完整地取出来；③怎样才能把提供遗传信息的细胞核移植到已经没有了核的仅含有胞质的"空的"受精卵中，给"遗传信息书"找一个家。

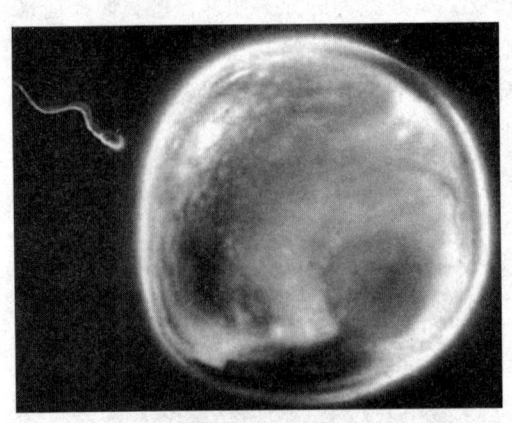

受精卵示意图

这些技术步骤面临的困难相当大。我们知道，细胞核位于细胞的内部，而细胞外面包有一层薄薄的细胞膜，要想不把细胞膜弄破而把细胞核去掉，与不打破蛋壳就把蛋黄取出没有什么区别。而且动物的卵细胞很小，大的也只有几个毫米，在这样小的卵上将细胞核换来换去，而又不损伤细胞其难度可想而知。正因为这些难以克服的困难，在核移植的设想提出后的许多年里，包括汉斯·施佩曼在内的许多科学家均对这一实验一筹莫展。

事情到了 20 世纪 50 年代终于出现了转机，罗伯特·布里格斯和托马斯·金利用微吸管注射的方法首次发展起这项技术。利用这项技术，布里格斯和金两个人成功地将两栖类动物美洲豹蛙的囊胚（早期胚胎发育中的一个时期，因为在胚胎中出现一个囊状空腔而得名）的细胞核移植到去掉了细胞核的卵母细胞质内。这样人工造成的胚胎可以一直发育到蝌蚪期，得到的小蝌蚪可以在水中游动，表明其功能是正常的。这是核移植技术在动物中首次取得成功。

美洲豹蛙示意图

罗伯特·布里格斯和托马斯·金是使克隆技术首次变为现实的伟大科学家。从汉斯·施佩曼提出这一设想到由布里格斯和金利完成这个著名的实验，其间经过了 10 多年的时间，饱含了许多科学家的共同努力。

1968 年，用两栖类动物爪蟾进行的另一项实验取得了较好的结果。英国剑桥大学的戈登教授把非洲爪蟾的未受精卵用紫外线照射，以破坏它的细胞核。再从蝌蚪中取出分化了的小肠上皮细胞，分离出它的细胞核。注入去核的未受精卵，然后进行培养。结果是：有些卵未分裂；有些卵发育一段时间变成了畸胎；但有一部分卵却完成了胚胎发育，长成了完整的爪蟾个体。

戈登的实验证明，两栖类动物即使是已完全分化的细胞也具有与未分化细胞中相同的遗传信息。分化的小肠上皮细胞从卵细胞得到的"遗传信息书"没有改变。

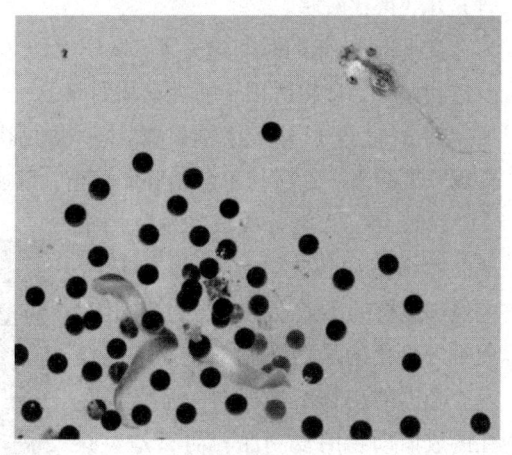

蛙卵示意图

此外，戈登的实验还表明，卵细胞的胞质环境对体细胞的功能起了关键性调节作用，具有使发育的生物钟拨回到起始处的能力。在卵细胞中，已分化细胞的"遗传信息书"又从第一"页"开始"阅读"了。

戈登的实验虽然获得了成功，但生产这种无性克隆蛙的成功率很低，只有1%左右。这表明，即使是在两栖类动物中，克隆的效率也是很低的。不仅如此，克隆两栖类动物的技术对哺乳动物并不完全适用。

我们可能看到过蛙卵，了解蛙卵怎样变成小蝌蚪，小蝌蚪又怎样变成青蛙。人们即使没有看到过蛙卵，但至少看到过鱼卵，就是我们所说的鱼子。它们大的有如晶莹的小珠，小的也如小米粒大，并且都是肉眼可见的。而哺乳动物的卵子却只有几十到几百个微米大，比头发丝的直径还要小许多倍。卵中的核，那就更小了。观察它们必须借助于显微镜才能看得清。

哺乳动物与两栖类的另一区别在于，哺乳动物是体内受精、体内发育的动物，胎儿必须在母体的子宫中发育直到出生。哺乳动物既然是体内发育的动物，这就限制了每胎的后代数目。如猪等多胎动物，一般每窝也只不过有十

多胎动物——猪

几只而已；而牛、羊等动物包括人，每胎一般只有 1~2 个后代。要知道在两栖类和鱼类，一次排出的卵就有几十万个、数百万个。鳕鱼一次排出的卵有 1000 万个。

这样比较起来可以得出，哺乳动物的试验材料少而操作难度高，因此哺乳动物克隆的研究开展得比较晚。

又是近 20 年的时间过去了，科学家们在细胞核移植技术方面不断地加以改进和完善，使它适用于哺乳动物的卵子。

到 20 世纪 80 年代中期，哺乳动物的细胞核移植因为其他技术领域的成果而开展起来。这些技术包括胚胎移植、胚胎体外培养、细胞融合技术等。

1986 年，人类首次成功地利用早期胚胎细胞的核无性繁殖出了绵羊。提供细胞核的不是成体动物的体细胞，而是未分化的早期胚胎细胞。用此技术克隆出的动物不是任何一个已经存在的成体动物的复制品，而只是对胚胎的克隆。从克隆结果上看，类似于生产动物的同卵双胞胎或多胞胎。

随后，用相似的方法，科学家相继地克隆了小鼠、猪、牛、兔、山羊和猴。在多种物种中表明了动物早期胚胎细胞生产克隆动物的巨大潜力。

1997 年 2 月 27 日，英国科学家宣布世界上第一只由完全分化的成体动物细胞克隆出的哺乳动物——小绵羊"多利"诞生了。这标志着克隆技术

克隆兔子

又登上了一个新的高度。

染色体

染色体：由脱氧核糖核酸、蛋白质和少量核糖核酸组成的线状或棒状物，是生物主要遗传物质的载体。因是细胞中可被碱性染料着色的物质，所以称为染色体。正常人的体细胞染色体数目为 23 对，并有一定的形态和结构。染色体在形态结构或数量上的异常被称为染色体异常，由染色体异常引起的疾病为染色体病。现已发现的染色体病有 100 余种，染色体病在临床上常可造成流产、先天愚型、先天性多发性畸形，以及癌肿等。

▉▉ 克隆羊 "多利" 的诞生与死亡

"多利" 的诞生

1997 年 2 月 27 日，英国卢斯林研究所的科学家们突然宣布，他们在世界上首先使用体细胞成功地克隆出了一头绵羊。消息传出，舆论顿时哗然，有人欢呼，说这是划时代的突破；也有人惊呼，认为 "克隆将成为毁灭人类的武器"。一时间，"克隆" 成了新闻界、科技界，甚至平民百姓茶余饭后的热门话题。

现在，我们以克隆羊 "多利" 为例，向读者简单介绍动物细胞体细胞核移植的过程和操作手法，使读者了解科学家是怎样克隆出绵羊 "多利" 的。

资料表明，动物细胞核移植需要有 2 个不同的细胞：1 个未受精的卵细胞和 1 个供体细胞。细胞核移植就是用机械的办法，把供体细胞的细胞核移入另一个受体的去除了细胞核的细胞质中。在 "多利" 的克隆过程中，供体细胞由取自白绵羊的体细胞经几个月的培养而成。而卵细胞则取自苏格兰黑母绵羊。下面对其诞生过程简单介绍一下：

（1）"克隆羊" 或是其他克隆哺乳动物的 "制造"，首先要取得成熟的卵细胞。科学家们为了一次实验获得更多的卵，便利用一种称之为"超数排卵"技术。他们给成年母羊注射促性腺激素及人绒毛膜促性腺激素。这样在成年母羊的卵巢中一次便会有更多的卵成熟与排放。当排卵时，科学家们即可借手术取出这种成熟的卵细胞备用。

应用"超数排卵"技术的母牛

例如，牛在自然状态下每次只排 1 个卵，应用"超数排卵"的技术可以使母牛多产卵。这就是在母牛发情周期的第 9 ~ 14 天时，注射作为排卵剂的促性腺激素。接着 2 ~ 3 天后再注射黄体素，再过 2 天后母牛就会发情，并能超数排卵。原来只能排出 1 个成熟卵细胞的卵巢，一次就能排出 10 来个，甚至多达 40 个以上的成熟卵细胞。

事实上，要取出卵细胞是很困难的，这是因为卵细胞很小，主要由细胞核及细胞质两大部分组成，一般只在 80 ~ 100 微米之间。因此，科学家必须靠一种称为显微注射仪的仪器帮助，在放大几十倍的条件下，用特制的极细玻璃管刺入卵内，将卵细胞核吸出。这样该卵便成为一个无核的细胞了，成为一个"空壳"，也就是说该卵已无核遗传物质了。

（2）"核移植"。这是最关键的一步。而以往用于核移植的细胞核则多为动物胚胎的细胞核。按照发育生物学的观点与实践，认为这种胚胎细胞本身是"全能性"的，意思是只要有一个这样的细胞，它便可以发育成一个完整的胚胎。譬如说，一个早期胚胎由 8 个细胞组成，此时若将细胞一个个地分开，它们便可发育成为 8 个胚胎。这表明胚胎细胞的每个细胞核本来就具有分裂与增殖的能力。为此，科学家们对用早期胚胎细胞核进行移植而产生新个体不以为奇。

而"多利"的新奇之处则在于：①不用胚胎细胞的细胞核，而使用体细胞的细胞核，进行核移植，它也照样可以分裂并发育成个体。"多利"的出现否认了体细胞发育不具有全能性的这一传统观念。因为先前的体细胞发育不具有全能性的观念认为，在自然状态下的体细胞，从胚胎细胞发育、分化而来的，其中有一部分能够分裂，如干细胞，有一部分则不能分裂并按照一定的程序死亡。但不管是能够分裂的体细胞，还是不能分裂的体细胞，都是不可逆的，即不可能再回复到像胚胎细胞一样，重新分裂、分化，形成种种组织、器官、系统，最后形成一个完整的机体。"多利"的产生说明，在一定条件下，业已经历分化过程的体细胞仍然可能"再回头"，重新获得"全能性"。对这一传统观念的突破，也就开辟了利用人体体细胞克隆出一个人类机体的可能性。因为人也是一种哺乳动物，在"多利"羊与"多利"人之间在技术上不存在不可逾越的障碍。②由于移入卵内的是体细胞，不仅含有双倍的染色体，而且由此产生的后代细胞的染色体均是该体细胞的遗传拷贝，因而由此发育而成的个体的遗传性质与核供体的亲本是一致的。③由于"多利"的产生未经过精子与卵细胞结合的受精过程，属于无性繁殖，故此称为"克隆羊"，意思是"无性繁殖的羊"。该项技术的突破，有人讲可以和原子弹最初爆炸相提并论，其科学和生产应用价值巨大。

（3）将这种"核质融合"的卵置于体外培养，使它发育成为早期胚胎。这个培养过程和前面提到的动物细胞培养的原理和方法是一致的。

（4）胚胎移植。将第（3）步培养发育成的早期胚胎移植至子宫已可接受胚胎植入的另一只母羊体内，直至羊羔出生。通常是将此早期胚胎置于37℃于10小时内进行胚胎移植，这就是把它送入养母的子宫内。在这过程中，科学家要找一头合适的母羊，进行人工激素处理，使子宫内膜增厚，以便上述胚胎的"着床"与发育。胚胎也可保存于低温，或运往世界各地，进行胚胎移植；此外，还可以将此胚胎暂时寄存在兔子的输卵管内，使它继续正常发育2~4天，以便再运往远方进行移植。如果胚胎暂时不准备移植，可将它置于－196℃下冻结保存，待将来移植时，把它解冻后仍能够正常发育。不过，经冻结的胚胎往往有1/3受到损伤。

从以上描述不难看出，克隆羊的过程步骤很多，每步不慎都可能导致失败。"多利"的产生固然是医学生物学的一项重大突破，但仍有许多问题有待科学家们去探索。

例如，卵细胞质在这种核质杂交中起什么作用？它是如何调控或刺激细胞核分裂的，即用科学家们的语言说，它是如何重新程序性地开启细胞核基因表达的？是否身体任何一种类型的体细胞，或是一个处于任何细胞周期的细胞核均可在卵细胞质中发育与分裂？既然细胞质对细胞核有一定的影响，

那么"多利"是否在各个方面只与供核亲本一致，还是有些不同？

目前，胚胎细胞核移植克隆的动物有小鼠、兔、山羊、绵羊、猪、牛和猴子等。我国除猴子以外，其他克隆动物都有，也能连续核移植克隆山羊（该技术比胚胎分割技术更进了一步，将克隆出更多的动物）。而体细胞核移植克隆的动物只有一个，就是克隆羊"多利"。

"多利"之死

从秘密出生，爆炸性的露面，到平静的死亡。其中的成功与失败，连创造者自己也不很明白。这只绵羊的一切，似乎都充满着象征意味——有母无父、与性无关的出生方式，抛开科学与理性去看，有点神圣的纯洁色彩。

然而事实上，多利一生所遭遇的非理性反应中，恐慌多于欢迎。纯洁的羔羊被视为瓶中放出的魔鬼，这种滑稽的反差显示了人类进步过程中始终伴随的某种自我畏惧与自我牵制。总有一些人担心人类知道得太多。尽管在另一些人看来，我们所知道的，与我们需要知道和渴望知道的相比，还显得如此的微不足道。

在多利之前，几十年失败的试验曾使人们几乎绝望地认为，高级动物的体细胞克隆或许是不可能实现的。从发育中的胚胎提取细胞，移植其细胞核，培育一个与该胚胎相同的个体，这种"克隆"相对来说并非难事。因为胚胎细胞具有很强的分化潜力，能在发育过程中分化成皮肤、血液、肌肉、神经等功能和基因特征各不相同的细胞，其中生殖功能由性细胞——精子或卵子来专门承担。一个性细胞只携带一半的遗传信息，需要精子和卵子结合才能发育成新生命。一个体细胞则拥有一套完整的染色体，不需要性细胞的参与，但是，要让已经"定型"的体细胞重新开始胚胎式的发育过程，等于将细胞的生命时钟逆转到起点处，这样的体细胞克隆对哺乳动物而言究竟是否可能？

多利是苏格兰罗斯林研究所和 PPL 医疗公司的共同作品。它的基因母亲是一种芬·多塞特品种的白绵羊，在多利出生之前 3 年就已死去。苏格兰的汉纳研究所在这头母羊怀孕时提取了它的一些乳腺细胞进行冷冻保存，后来又把这些细胞提供给 PPL 公司进行克隆研究——这后来曾给多利身份的真实性带来一些麻烦。以伊恩·威尔穆特为首的科学家在实验室中培养这些乳腺细胞，使它们在低营养状态下"挨饿"5 天左右。然后提取其细胞核，移植到去除了细胞核的苏格兰黑脸羊的卵子里。之所以使用苏格兰黑脸羊的卵子，是因为这种羊身体大部分是白的，脸却是全黑的，很容易与白绵羊区别开来。

在微电流的刺激下，白绵羊的细胞核与黑脸羊的无核卵子融合到一起，开始分裂、发育，成为胚胎，植入母羊的子宫里继续发育。在 277 个小时成功与细胞核融合的卵子中，只有 29 个存活下来。直到它去世的时候，克隆技术这种低得惊人的成功率，仍然没有实质性的改善。这也是科学界普遍不相信雷尔教派的克隆女婴"夏娃"身份真实性的一个原因。

1998 年 2 月，曾有科学家对多利作为体细胞克隆动物的真实性提出质疑。在怀孕的动物体内，可能会有少量胚胎细胞沿血液循环系统到达乳腺部位。因此这些科学家提出，威尔穆特等人是否恰好碰到了一个这样的胚胎细胞、多利是否仍然是胚胎细胞克隆的结果。汉纳研究所还保存着一些多利的基因母亲的乳腺细胞，DNA 分析很快证明，多利的确是体细胞克隆的产物，并不存在胚胎细胞混杂的可能性。迄今为止，科学家对克隆过程仍有点知其然而不知其所以然的味道。为什么体细胞核与卵子融合后能够发育？有人猜测，可能是低营养环境中的挨饿状态使体细胞休眠，大多数基因关闭，从而失去了体细胞的专门特征，变得与胚胎细胞相似。不过这仅仅是猜测，并未得到证明。

克隆过程的成功率一直非常低，流产、畸形等问题较多。这是由于克隆本身的问题，还是仅仅因为技术不够成熟对 DNA 造成了伤害？人们对此还无法问答。作为第一头体细胞克隆动物，多利的健康状况受到密切关注，因为它可能代表着其他克隆动物的命运。多利一生的大部分时候过着优裕的明星生活，它善于应付公众场合，毫不怕人，在镜头前有着良好的风度。与公羊"戴维"交配后，多利于 1998 年 4 月生下第一个孩子邦尼，后来又生育了两胎，一共有 6 个孩子，其中一个夭折。从生育方面来看，它与普通母羊并没有不同。在 2002 年初被发现患有关节炎之前，多利几乎是完全健康而正常的，除了由于访客喂食太多而一度需要减肥。

1999 年 5 月，罗斯林研究所和 PPL 公司宣布，多利的染色体端粒比同年龄的绵羊要短，引起了人们对克隆动物是否会早衰的担忧。专家指出，端粒是染色体两端的一种结构，对染色体起保护作用，有点像鞋带两头起固定作用的塑料或金属扣。细胞每分裂一次，端粒就变短一点，短到一定程度，细胞就不再分裂，而启动自杀程序。端粒以及修补它的端粒酶，是近年来衰老和癌症研究中的一个热点。许多科学家认为，端粒在动物的衰老过程中可能

起着重要作用。一些人担心，克隆动物的端粒注定较短，是一个不可避免的根本问题。另一些人认为，多利的端粒较短可能是克隆过程的技术问题所致，这不一定是体细胞克隆中的普遍现象，有望随着技术的进步而消除。譬如美国科学家用克隆鼠培育克隆鼠，一共培育了6代（最后一代唯一的一只克隆鼠被别的实验鼠吃掉，实验被迫中止），并没有发现端粒一代一代缩短的现象。由于克隆动物数量不多，而且普遍比较年轻，因此还难以判断哪一种说法正确。端粒与衰老之间的关系究竟是什么、端粒较短是否一定导致早衰，也是尚未确定的事情，这使得问题更加复杂。

2002年1月，罗斯林研究所透露，多利被发现患有关节炎。这引起了有关克隆动物健康问题的新一轮骚动。绵羊患关节炎是常见的事，但多利患病的部位是左后腿关节，并不多见。威尔穆特说，这可能意味着现行的克隆技术效率低，但多利患病的原因究竟是克隆过程造成的遗传缺陷，还是纯属偶然，可能永远也弄不清楚。与主张动物权利的人士的观点相反，他强调，对动物进行克隆研究不应该因此停止。相反，要进一步研究，弄清楚其中的机制。此后，罗斯林研究所限制了外界与多利的接触。

2003年2月14日，研究所宣布，多利由于患进行性肺部感染（进行性疾病为症状不断恶化的疾病），被实施了安乐死。如同关节炎一样，肺部感染也是老年绵羊常见的疾病，像多利这样长期在室内生活的羊尤其如此。但绵羊通常能活12年左右，6岁半的多利可以说正当盛年，并不算老，它的肺病究竟与克隆有没有关系，又是一个难以搞清楚的问题。目前研究人员正对多利的遗体进行详细检查，科学界对此十分关注，尽管检查结果未必能对上述问题得出确切答案。威尔穆特对媒体表示，多利之死使他"极度失望"。他提醒其他科学家要对克隆动物的健康状态作持续观察。

体细胞

体细胞：多细胞生物体中除性细胞（生殖细胞）以外的细胞。体细胞的遗传信息不会像生殖细胞那样会遗传给下一代。高等生物的细胞差不多都是体细胞，除了精子和卵细胞以及它们的母细胞之外。体细胞遗传信息的改变不会对下一代产生影响。体细胞的染色体数是经减数分裂得出的生殖细胞的两倍。例如在人类，体细胞是双倍体（具有两套完整的染色体组），而精子卵子则是单倍体（具有一套完整的染色体组）。

克隆人技术

什么是"克隆人"

意大利著名的"克隆狂"安蒂诺里曾宣布，克隆胎儿将问世。无独有偶，北美一个称作"雷尔运动"的邪教组织也曾宣称，将"隆重推出"世界上第一个克隆人。2003 年第一期《发现》杂志已把 2002 年"命名"为"克隆年"，理由是克隆技术已经进入了克隆人的阶段。一时之间，举世震惊。那么，什么是克隆人呢？

要弄清楚"克隆人"是什么，我们先得搞清楚"人"指的是什么意思。这是一个看起来简单其实并不容易回答的问题，虽然我们人人都是"人"。人是社会关系的总和，人是细胞的集合，人是特定的基因组合，人是有思想的高等动物……不同的学者可以从不同的角度作出不同的答案。

如果说"人"只是指特定的基因组，或者指"生物学的人"，那么，应该说"克隆人"是与他们的父体或者母体完全相同的。

但是，"人"不仅仅是在系统发育谱上属于脊椎动物门、哺乳动物纲、灵长类、人科的"人"。除此之外，人还是心理的"人"、社会的"人"。初生婴儿的神经系统是没有发育完全的，只有在他的神经系统产生后与他人的交往中、在社会环境中逐渐发育成熟，才能形成具有特殊心理、行为

狼孩示意图

以及社会特征的人。世界上曾发现过不少狼孩，如果一对双胞胎婴儿中的一个生活在正常的人群中，而另一个则生活在狼群中，其结果会怎样呢？我们一定会发现一个婴儿正常地生长发育，而另一个则会染上狼的习性，撕咬抓挠。

因此，人是生物、心理、社会的集合体，人具有在特定环境下形成的特定人格。这个集合体，这个具有特殊心理、行为、社会特征的人，这个特定的人格，是不可能复制的，也是完全克隆不出来的。因为它不是在先天的基因上存在的，而是在后天的实践中产生的。

所以，克隆出来的人只是与他们的母体有相同的基因组，而不是与母体一样的人。从这个意义上说，即使是多利，由于它生长的环境与母体存在着区别，它们诞生的时间不同、空间不同，它们吃的草也不同，或许它与母体具有相同的基因组，但很可能会存在与母体不同的特点。

到底如何克隆人

据报道，1997 年 5 月，国外有新闻说，有家私人组织以 5 万美元的要价公开提供"克隆人"服务，接着，联合国卫生组织呼吁各国政府迅速加强限制克隆技术应用方面的立法。一时间，我们似乎感到"克隆人"正在迈着轻快的步伐跟在"多利"后面向我们走来。

不妨来做这样的大胆假设，即现在法律上已允许我们做克隆人类的试验，并且有关部门也提供了充足的经费，投入了足够的人力物力支持这件事。那么，按照现有的技术水准，"克隆人"会有一些什么过程呢？让我们探讨一下。

首先，我们必须为这个实验准备好供体材料，即选择克隆的对象，或许可以选择一个比较伟大的人物的体细胞来进行克隆（这样做是否恰当这里暂不讨论）。可是，目前我们能随心所欲地想用哪一种细胞都行，小"多利"使用的是乳腺细胞，在人类克隆实验中行不行，那还说不定。因而只好找猴子这种与人亲缘关系最近的动物来做试验。顺便提一句，山姆大叔们凑热闹提出来的那两只克隆猴是用胚胎细胞的，与绵羊"多利"的技术还差一点。所以我们还需从头做起，利用动物试验来确定供体细胞的取材部位，然后才可以开始在人类自身进行试验。

而后，我们假设仅使用口腔黏膜上皮细胞就能在猴子中实现体细胞克隆。

因为这样最容易取材。只需不痛不痒地在嘴巴中乱割一通就可以得到一群基因型相同的细胞和许多非细胞成分。于是还将细胞从一堆杂物中分离出来，然后才能开始培养。

在进行培养之前还需找几头刚出生的小牛，并且最好是十分健康的小牛，用来抽取血清供细胞培养之用。读者可能会问，不是说已经有了无血清培养基了吗，干吗还要用小牛血清呢？事实上，无血清培养基确实有，可是还不够完美，像"克隆人"实验这一类场合到目前为止还非用血清不可。正如我们在细胞培养一节中所提到的那样，血清不仅十分昂贵，而且实验重复性也比较差，但也没有别的办法。故在"克隆人"出世之前，已有好几头牛死于非命了。

有了配制好了的培养基，就可以开始培养人细胞了，若是为了看细胞生长分裂什么的，应该很容易，但要把细胞培养成可以在和卵子相融合后发育成胚胎的细胞可不那么容易。首先必须让它们从生长分裂这个循环中退出来，即退出细胞周期，进入 Go 期及细胞休止。细胞周期的产生是由细胞周期蛋白所控制的，可惜目前还不能直接控制细胞内这种蛋白质的浓度，也不能控制其合成，怎么办呢？可以让这些细胞核挨饿，让它们有了上顿就没下顿，也就不会整天分裂个没完没了。怎么个挨饿法呢？据说在克隆羊时是靠逐渐减少培养基中血清含量来达到这一目的。

而接下来还有一件比较棘手的事，即如何获得卵子。人类在其 1 个性周期（即月经周期）中只排 1 次卵，正常情况下只有 1 个。对科学试验来说，仅用 1 个样品来做实验永远是不科学和不保险的。于是我们不得不另想办法，要么就使一次排卵数增加，要么就多找几个人来参加试验。

资料表明，使人一次排卵的卵数增加的技术早已有之，特别是在试管婴儿技术中更为常用。医学上在治疗不孕症或其他内分泌失调之类的疾病中也常使用某些能促使排卵数增加的药物。有时候不小心用过了头，哗的一声排了很多，如果这时候有几个卵子受精的话，就会造成异卵多胎现象。这几年，我们不时在报纸上看到有七胞胎甚至八胞胎的报道。这可不是一件好事，僧多粥少，这样生出来的小孩个子肯定特别小。

不过，有了这种技术，促使参加试验者多排几个卵也就不成问题了，起码排十几个应没问题，然而还不够用，于是还是得多拉几个人来帮帮忙，终于凑够了数。药是用了，但是怎样取出卵子来呢，原来，科研人员利用手术

刀在显微镜下取出那一个个直径仅 0.1 毫米的卵子即可。

接着，还要将卵子进行去核处理，这卵细胞虽然是细胞家族中的大个子，但也大不到那里去，仅 135 微米而已，核就更不用说了，大概是 30 微米。于是又在显微镜下工作，用直径几十微米的吸管将卵子的细胞核吸出，说起来是简单，可做起来并不容易，不小心的话动作太大，肯定核没有吸出反而把卵子搞坏了。

经过此番折腾之后剩下的就是去核了的未受精卵，于是就可以拿它来和已培养过的细胞融合了，在一股脉冲电流的作用下，慢慢地，两个细胞开始融为一体。有时候两个细胞是靠在一起了，却双双撒手西去，融合不了。这样，有许多伟人的细胞就白白浪费了。

然后，科学家们又开始培养已融合了的细胞，其中，有一部分细胞开始进行分裂，1 生 2、2 生 4 地分裂下去，形成一团桑葚状的东西，再下去可就在培养基上活不了啦。于是大家急忙把它们移回人体内，从哪里来的，最好就回哪里去，以免产生异体排斥反应之类的麻烦事。

移进子宫的胚胎也不定就个个顺利发育下去，有的可能着床失败，也就一命呜呼了。那些运气好一点的就会发育下去，接下来的事是很常见的啦，经过约 280 天的妊娠期，除去那些胎死腹中的，其余的胚胎均顺利发育成一个个小伟人，他们一个接一个地出世了。其中，他们有的确实很像伟人小时候的样子，面生七窍，也不会缺胳膊少腿的。

然而作为一个现实是，现在克隆人，技术不够成熟，结果可能是适得其反。

那么，是不是待技术成熟之后就可以大量克隆人了呢。我们的观点是，即使动物体细胞克隆技术完全成熟了，也不可以贸然去克隆人，尤其不应该大批量地复制同一个人，抛开伦理道德方面的问题不谈，单纯从生物学的观点来看，这样做是十分危险的。

克隆技术对畜牧业的利好

资料表明，克隆技术发展的最直接的受益者是畜牧业。畜牧业的效率主要来自动物个体性能和群体的繁殖性能。如果个体的生产性能好，用同样的投入可以生产出更多的产品；而群体的繁殖性能高，则会加快育种速度和减少种畜的数量，增加工作在第一线的动物比例，这些都会使经济效益大幅度提高。动物的生产性能和繁殖性能是由它们的遗传特性决定的，具有优良基因的动物有较好的生产性能。如优良品种的奶牛的产奶量，可能比那些较差或一般的奶牛高几倍甚至十几倍，这样的优秀个体一头就能抵得上几头、十几头牛，经济效益十分显著。

如何能让这些优秀的个体的遗传基因尽可能多地遗传给后代，是科学家们想方设法要做的事。但在繁育后代时，来自父方和母方的遗传信息共同形成了后代的"遗传信息书"，这本"遗传信息书"虽然包含了父母双方的遗传信息内容，但这是一本全新的"书"，按这本"书"进行发育得到动物，其特性显然不会与上一代完全相同，这样上一代的优秀基因可能在子代中不能很好表达。而且动物尤其是母畜其繁殖能力是有限的，一生中能生出的后代并不多，这样，一头优秀的动物一生只能繁殖出数目有限的几个后代，这对其优良的遗传资源来说是一种浪费。

为了增加优秀动物个体的后代数量，在克隆技术问世之前，科学家们采用了人工授精、胚胎移植、体外受精等技术。

人工授精，是指利用人工的方法把优良公畜的精液注射到母畜体内使母畜受孕。这种技术可以扩大优良公畜的后代数量和分布范围。

胚胎移植，可以用超数排卵的方法让优秀母畜多排出卵子，在卵子受精后，再把受精卵或早期胚胎从母畜体内取出来，移植到其他代理母畜的子宫内，代理母畜可以用生产性能较差的代替。这样可以使优良母畜的利用率增加。

体外受精，是指让卵子和精子在体外受精的技术。这种方式可以充分利用雌性动物卵巢中的卵子，以进一步发挥母畜遗传潜能。

在克隆技术出现以后，在动物繁育、扩大优良动物种群方面又增添了一个新的手段。首先可以通过胚胎分割的办法，把优秀的胚胎一分为二、一分为四，再使它们分别发育成完整的胚胎。但这种办法在实际生产中利用不多。

用胚胎细胞核移植技术克隆动物，从理论上讲可以使优良的胚胎无限增加数量。在实际中通过胚胎细胞核得到了连续移植三代的克隆牛，最多由1个胚胎发育出54个遗传上相同的克隆胚胎。利用这一技术在20世纪90年代初期，世界各国得到了数千头克隆动物。但这种技术的弊端是无法将一个优

良的动物个体复制下来，而只能克隆优秀动物的下一代。

体细胞核移植是使"多利"出生的技术。这一技术为动物繁育勾画出一个美好的前景。利用这一技术就可以大量地复制优秀动物，扩大优秀动物的数量，这种技术与传统的育种技术结合，可以很快地改善种群的遗传结构。

生产"多利"的罗斯林研究所所长布尔费尔德教授在英国下院科学技术特别委员会的听证会上表示：体细胞克隆技术将在 5～10 年内获得商业推广，将来有可能使 85% 的英国牛群由 10%～15% 的优秀种群无性繁殖来提供，这 10%～15% 的优秀种群仍由传统繁育方式生产，以保证遗传和变异。

动物克隆技术必将在畜牧业上发挥巨大的作用。

遗传基因

遗传基因：又称为遗传因子，是指携带有遗传信息的 DNA 或 RNA 序列，是控制性状的基本遗传单位。基因通过指导蛋白质的合成来表达自己所携带的遗传信息，从而控制生物个体的性状表现。现代医学研究已经证明，除外伤外，几乎所有的疾病都和遗传基因有关系。人体中正常基因分为不同的基因型，即基因多态型。不同的基因型对环境因素的敏感性不同，敏感基因型在环境因素的作用下可引起疾病。另外，异常基因可以直接引起疾病，这种情况下发生的疾病为遗传病。

克隆技术在保持生物多样性中的作用

我们知道，每年的 6 月 5 日是"世界环境日"，1997 年的主题是"为了地球上的生命"。为了使地球成为人类、动物、植物和微生物共同生息繁衍、和谐相处的美好家园，联合国环境规划署向人类发出呼吁："保护地球上的生命刻不容缓。"

保护生物的多样性，即保护地球上的所有物种以及这些物种所在环境的生态系统中的生态过程，保护遗传的多样性、物种的多样性以及生态的多样性。这一点对于人类以及整个世界来说，都有着不可估量的重要意义。那么，与生物遗传息息相关的克隆技术，对生物多样性到底有利还是有害呢？关于这个问题，专家们各持己见，各执一词。

持肯定观点的人认为，克隆技术对于生物多样性的保护是有利的，尤其是对于某些珍稀物种来说。克隆技术也许并不能使这些物种的基因增多，但却可以培育出更为优良的个体，从而提高这些物种在地球上的生存能力。这就好像对青鱼、草鱼、鲢、鳙四大家鱼，在经过多次人工繁殖以后，还要通过"提纯复壮"才能保证其后代的良种品质一样。

而亲手创出多利的威尔穆特博士也说过：他20年来从事克隆研究工作的真正目标，是试图找到更好的办法来改变家畜的基因构成，从而"培育出成群的、健康的、能够有效地为人类服务的动物"。他的这一观点与新闻媒体所热衷的完全不同。他认为他的目标并不是培育复制品，培育克隆体，而是想精确地改变细胞的基因，而且他坚信基因是可以改变的，"从而使动物生产出更好的肉、蛋、毛、奶，也可以使动物具备更强的抗病能力"。

相反，持否定观点的人则认为，克隆技术对生物的多样性提出了挑战，并将人类推到了可怕的边缘。由于生物多样性是自然进化的结果，也是生物进化的动力之一，因为复杂多变的自然环境，要求有尽可能多样的生物来与之适应，这也使得生物在适应这个环境过程中丰富和壮大了自身，从而才有了今天包括人类在内的生物种群的大繁荣、大兴旺。同时，从无性繁殖到有性繁殖，又是形成生物多样性的一大基础，是有性繁殖所造成的遗传基因的突变和积累，带来了生物家族的昌盛。如果经过克隆技术仅保存几种生物品系，这样，一旦出现了毁灭性的基因突变，其后果将不堪设想，而多样性则保障了生物种群各个分支最大限度地增加生存的概率。这就是说，多样性就相当于一个数据库，多样性的程度越高，其发展的能量也越大，如果只有几个信息保存在这个"数据库"中，那么，生物的适应能力自然就会减弱，这也是近亲繁殖的生命个体为什么生存能力较弱的原因所在。

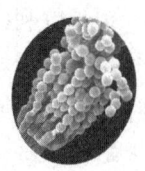# 改写生物遗传的基因工程

GAIXIE SHENGWU YICHUAN DE JIYIN GONGCHENG

　　基因工程是生物工程的一个重要分支，和细胞工程、酶工程、蛋白质工程和微生物工程共同组成了生物工程。基因工程能够在分子水平上对基因进行操作，可以改变生物原有的遗传特性，获得新品种，生产新产品，因此，基因工程可以说在一定程度上改变了生物遗传的特性，给传统生物技术带来了彻底的革新。

　　基因工程的应用领域极广，农业、医药领域以及农业生产都有其广阔的应用舞台，基因工程前景广阔，各国科研工作者都在加紧研究的广度和深度，希望有一个较大的提升。

▮▮▮ 基因的涵义和特点

　　科学上讲，基因是有遗传效应的 DNA 片段，是控制生物性状的基本遗传单位。

　　人们对基因的认识是不断发展的。在 20 世纪 60 年代，遗传学家孟德尔就提出了生物的性状是由遗传因子控制的观点，但这仅仅是一种逻辑推理的产物。在随后的 20 世纪初期，遗传学家通过果蝇的遗传实验，认识到基因存在于染色体上，并且在染色体上是呈线性排列，从而得出了染色体是基因载

体的结论。

20 世纪 50 年代以后，随着分子遗传学的发展，尤其是沃森和克里克提出双螺旋结构以后，人们才真正认识了基因的本质，即基因是具有遗传效应的 DNA 片段。研究结果还表明，每条染色体只含有 1 ~ 2 个 DNA 分子，每个 DNA 分子上有多个基因，每个基因有含有成百上千个脱氧核苷酸。由于不同基因的脱氧核苷酸的排列顺序（碱基序列）不同，因此，不同的基因就含有不同的遗传信息。1994 年，中科院曾邦哲提出系统遗传学概念与原理，探讨猫之为猫、虎之为虎的基因逻辑与语言，提出基因之间相互关系与基因组逻辑结构及其程序化表达的发生研究。

资料显示，基因有 2 个特点：①基因能忠实地复制自己，以保持生物的基本特征；②基因能够“突变”，突变绝大多数会导致疾病，另外的一小部分是非致病突变。非致病突变给自然选择带来了原始材料，使生物可以在自然选择中被选择出最适合自然的个体。

含特定遗传信息的核苷酸序列，是遗传物质的最小功能单位。除某些病毒的基因由核糖核酸（RNA）构成以外，多数生物的基因由脱氧核糖核酸（DNA）构成，并在染色体上作线状排列。基因一词通常指染色体基因。在真核生物中，由于染色体都在细胞核内，所以又称为核基因。位于线粒体和叶绿体等细胞器中的基因则称为染色体外基因、核外基因或细胞质基因，也可以分别称为线粒体基因、质粒和叶绿体基因。

在通常的二倍体的细胞或个体中，能维持配子或配子体正常功能的最低数目的一套染色体称为染色体组或基因组，一个基因组中包含一整套基因。相应的全部细胞质基因构成一个细胞质基因组，其中包括线粒体基因组和叶绿体基因组等。原核生物的基因组是一个单纯的 DNA 或 RNA 分子，因此又称为基因带，通常也称为它的染色体。

基因在染色体上的位置称为座位，每个基因都有自己特定的座位。凡是在同源染色体上占据相同座位的基因都称为等位基因。在自然群体中往往有 1 种占多数的（因此常被视为正常的）等位基因，称为野生型基因；同一座位上的其他等位基因一般都直接或间接地由野生型基因通过突变产生，相对于野生型基因，称它们为突变型基因。在二倍体的细胞或个体内有 2 个同源染色体，所以每一个座位上有 2 个等位基因。如果这 2 个等位基因是相同的，那么就这个基因座位来讲，这种细胞或个体称为纯合体；如果这 2 个等位基

因是不同的，就称为杂合体。在杂合体中，2 个不同的等位基因往往只表现一个基因的性状，这个基因称为显性基因，另一个基因则称为隐性基因。

在二倍体的生物群体中等位基因往往不止 2 个，2 个以上的等位基因称为复等位基因。不过有一部分早期认为是属于复等位基因的基因，实际上并不是真正的等位，而是在功能上密切相关、在位置上又邻接的几个基因，所以把它们另称为拟等位基因。某些表型效应差异极少的复等位基因的存在很容易被忽视，通过特殊的遗传学分析可以分辨出存在于野生群体中的几个等位基因。这种从性状上难以区分的复等位基因称为同等位基因。许多编码同工酶的基因也是同等位基因。

属于同一染色体的基因构成一个连锁群。基因在染色体上的位置一般并不反映它们在生理功能上的性质和关系，但它们的位置和排列也不完全是随机的。在细菌中编码同一生物合成途径中有关酶的一系列基因常排列在一起，构成一个操纵子（见基因调控）；在人、果蝇和小鼠等不同的生物中，也常发现在作用上有关的几个基因排列在一起，构成一个

果蝇示意图

基因复合体或基因簇或者称为一个拟等位基因系列或复合基因。

知识点

配 子

配子：指生物进行有性生殖时由生殖系统所产生的成熟性细胞。配子分为雄配子和雌配子，动物和植物的雌配子通常称为卵细胞，而将雄配子称为精子。精子相当小，但能够运动，呈蝌蚪状进入卵细胞，而卵细胞体积相当

大，并且是不可游动的。尽管雌雄配子的体积不同，但它们为子代提供的核DNA是等量的，即各提供一套基因组。不过，由于卵细胞的体积大，子代细胞的细胞质结构和细胞质DNA基本都是由卵细胞提供的。

基因工程的定义、特征、用途

基因工程是生物工程的一个重要分支，它和细胞工程、酶工程、蛋白质工程和微生物工程共同组成了生物工程。

所谓基因工程是在分子水平上对基因进行操作的复杂技术，是将外源基因通过体外重组后导入受体细胞内，使这个基因能在受体细胞内复制、转录、翻译表达的操作。它是用人为的方法将所需要的某一供体生物的遗传物质——DNA大分子提取出来，在离体条件下用适当的工具酶进行切割后，把它与作为载体的DNA分子连接起来，然后与载体一起导入某一更易生长、繁殖的受体细胞中，以让外源物质在其中"安家落户"，进行正常的复制和表达，从而获得新物种的一种崭新技术。

基因工程是在分子生物学和分子遗传学综合发展基础上于20世纪70年代诞生的一门崭新的生物技术科学。一般来说，基因工程是指在基因水平上的遗传工程，它是用人为方法将所需要的某一供体生物的遗传物质——DNA大分子提取出来，在离体条件下用适当的工具酶进行切割后，把它与作为载体的DNA分子连接起来，然后与载体一起导入某一更易生长、繁殖的受体细胞中，以让外源遗传物质在其中"安家落户"，进行正常复制和表达，从而获得新物种的一种崭新的育种技术。

该定义表明，基因工程具有以下几个重要特征：①外源核酸分子在不同的寄主生物中进行繁殖，能够跨越天然物种屏障，把来自任何一种生物的基因放置到新的生物中，而这种生物可以与原来生物毫无亲缘关系，这种能力是基因工程的第一个重要特征。②一种确定的DNA小片段在新的寄主细胞中进行扩增，这样实现很少量DNA样品"拷贝"出大量的DNA，而且是大量没有污染任何其他DNA序列的、绝对纯净的DNA分子群体。科学家将改变人类生殖细胞DNA的技术称为"基因系治疗"，通常所说的"基因工程"则是针对改变动植物生殖细胞的。无论称谓如何，改变个体生殖细胞的DNA都将

可能使其后代发生同样的改变。

基因工程有以下用途：

（1）遗传工程的用途主要是用来形成自然界中没有的生物新品种、新物种，进而利用这些生物生产人类所需要的其他产品。当前，生物学中富有活力的基因工程技术正以惊人的速度发展着，其中如 DNA 序列测定技术、基因突变技术、基因扩增技术等一大批新技术正在逐渐走向成熟。下面只是简单介绍一下基因工程的基本技术的应用。

20 多年前诞生的基因工程使整个生物学科学、生物技术进入了一个新的时代，传统的生物技术与基因工程的结合，焕发了青春，产生了富有无限生机的现代技术。

例如，从前用原来的生物技术要获得 1 毫克生长激素抑制素，需用 10 万只羊的下丘脑才行，其所耗费资金的数量，与航天领域中，借助于载人飞行器"阿波罗"宇宙飞船从月球上搬回 1 千克石头相当。现在，借助于基因工程，就简单多了，所需费用也小得多，只要 2 升细菌培养液就可以了。我们将人工合成的人生长激素抑制素基因，通过重组成为一个高效表达载体，它们在大肠杆菌中进行表达，只需要 10 升这种重组的大肠杆菌培养液，就可以获得到了。

（2）基因工程可用于医疗。例如，许多人生病是因为体内缺少一定量的某种抗体。用传统的方法来制备抗体，时间长耗资大，而且不够稳定。1989年，美国生物学家运用基因工程技术，将获得抗体的重链基因和轻链基因进行基因重组，并使之转入烟草细胞，利用植物细胞组织培养技术，培养出了转基因烟草。这样，在烟草叶片上就能够产生占叶蛋白总量 1.3% 的抗体，这些抗体足够 27 万病人使用 1 年！

基因工程前景广阔，各国科学家都在加紧研究。我们国家的基因工程研究，与国外相比，虽起步较晚，但也获得了较大的发展，取得了一定的科研成果。例如，已经研制成功和正在研制的基因工程产品就有几十种，有些已经投产并开始使用，如基因工程 α 抗干扰素、基因工程乙型肝炎疫苗等等。

总之，基因工程及应用给传统生物技术带来了彻底的革新，而且其应用范围仍然在不断加深、扩大，前景是十分诱人的。它等待着我们这一代青少年，去探索，去实践，从而取得更大的成功。

酶

酶：指由生物体内活细胞产生的一种生物催化剂。大多数由蛋白质组成，少数为 RNA（核糖核酸）。能在机体中十分温和的条件下，高效率地催化各种生物化学反应，促进生物体的新陈代谢。生命活动中的消化、吸收、呼吸、运动和生殖都是酶促反应过程。哺乳动物的细胞含有几千种酶。它们或是溶解于细胞质中，或是与各种膜结构结合在一起，或是位于细胞内其他结构的特定位置上。这些酶统称胞内酶；另外，还有一些在细胞内合成后再分泌至细胞外的酶，这类酶称为胞外酶。

基因突变的双向性

科学上讲，由于 DNA 分子中发生碱基对的增添、缺失或改变，而引起的基因结构的改变，就叫做基因突变。

通常情况下，广义的突变包括染色体畸变，而狭义的突变专指点突变。实际上畸变和点突变的界限并不明确，特别是微细的畸变更是如此。野生型基因通过突变成为突变型基因。突变型一词既指突变基因，也指具有这一突变基因的个体。

研究表明，基因突变通常发生在 DNA 复制时期，即细胞分裂间期，包括有丝分裂间期和减数分裂间期；同时基因突变和脱氧核糖核酸的复制、DNA 损伤修复、癌变和衰老都有关系，基因突变也是生物进化的重要因素之一，所以研究基因突变除了本身的理论意义以外，还有广泛的生物学意义。基因突变为遗传学研究提供突变型，为育种工作提供素材，所以它还有科学研究和生产上的实际意义。

事实上，核生物还是原核生物的突变，也不论是什么类型的突变，都具有随机性、低频性、可逆性等共同的特性。

（1）随机性。它是指基因突变的发生在时间上、在发生这一突变的个体上、在发生突变的基因上，都是随机的。在高等植物中所发现的无数突变都

说明基因突变的随机性。在细菌中则情况远为复杂。

（2）低频性。突变是极为稀有的，基因以极低的突变率（生物界总体平均为 0.0001%）发生突变。

（3）可逆性。突变基因又可以通过突变而成为野生型基因，这一过程称为回复突变。正向突变率总是高于回复突变率，一个突变基因内部只有 1 个位置上的结构改变才能使它恢复原状。

（4）少利多害性。一般基因突变会产生不利的影响，被淘汰或是死亡，但有极少数会使物种增强适应性。

（5）不定向性。例如控制黑毛 A 基因可能突变为控制白毛的 a + 或控制绿毛的 a −。

除此之外，基因突变可以是自发的，也可以是诱发的。自发产生的基因突变型和诱发产生的基因突变型之间没有本质上的不同，基因突变诱变剂的作用也只是提高了基因的突变率。

按照表型效应，突变型可以区分为形态突变型、生化突变型、致死突变型等。这样的区分并不涉及突变的本质，而且也不严格。因为形态的突变和致死的突变必然有它们的生物化学基础，所以严格地讲，一切突变型都是生物化学突变型。按照基因结构改变的类型，突变可分为碱基置换、移码、缺失和插入 4 种。按照遗传信息的改变方式，突变又可分为错义、无义 2 类。

对于人类来讲，基因突变可以是有用的，也可以是有害的。

彩色青椒示意图

（1）诱变育种。通过诱发使生物产生大量而多样的基因突变，从而可以根据需要选育出优良品种，这是基因突变的有用的方面。在化学诱变剂发现以前，植物育种工作主要采用辐射作为诱变剂；化学诱变剂发现以后，诱变手段便大大地增加了。在微生物的诱变育种工作中，由于容易在短时间中处理大量的个体，所以一般只是要求诱变剂作用强，也就是说要求它能产生大量的突变。对于难以在短时间内处理大量个体的高等植物来讲，则要求诱变剂的作用较强、效率较高并较为专一。所谓效率较高便是产生更多的基因突变和较少的染色体畸变。所谓专一便是产生特定类型的突变型。以色列培育"彩色青椒"关键技术就是把青椒种子送上太空，使其在完全失重状态下发生基因突变来育种。

（2）害虫防治。用诱变剂处理雄性害虫使之发生致死的或条件致死的突变，然后释放这些雄性害虫，便能使它们和野生的雄性昆虫相竞争而产生致死的或不育的子代。

（3）诱变物质的检测。多数突变对于生物本身来讲是有害的，人类的癌症的发生也和基因突变有密切的关系，因此环境中的诱变物质的检测已成为公共卫生的一项重要任务。

而从基因突变的性质来看，检测方法分为显性突变法、隐性突变法和回复突变法 3 类。

除了用来检测基因突变的许多方法以外，还有许多用来检测染色体畸变和姐妹染色单体互换的测试系统。当然对于药物的致癌活性的最可靠的测定，是哺乳动物体内致癌情况的检测。但是利用微生物中诱发回复突变这一指标作为致癌物质的初步筛选，仍具有重要的实际意义。

染色体畸变

染色体畸变：指染色体数目的增减或结构的改变。因此，染色体畸变可分为数目畸变和结构畸变两大类。染色体数目畸变是指染色体偏离正常染色体数目。正常人的生殖细胞具有 23 条染色体（为一个染色体组），称为单倍体，体细胞具有 46 条染色体，含两个染色体组，称为二倍体。染色体结构畸变可简单理解为染色体结构异常，包括染色体缺失、重复、倒位、易位等。

基因重组的定义、方式、作用

基因重组是指由于不同 DNA 链的断裂和连接而产生 DNA 片段的交换和

重新组合，形成新 DNA 分子的过程。

发生在生物体内基因的交换或重新组合，包括同源重组、位点特异重组、转座作用和异常重组 4 大类。它是生物遗传变异的一种机制。

基因重组指整段 DNA 在细胞内或细胞间，甚至在不同物种之间进行交换，并能在新的位置上复制、转录和翻译。在进化、繁殖、病毒感染、基因表达以致癌基因激活等过程中，基因重组都起重要作用。基因重组也归类为自然突变现象。基因工程是在试管内按人为的设计实施基因重组的技术，也称为重组 DNA。

基因重组也指有目的地将一个个体细胞内的遗传基因转移到另一个不同性状的个体细胞内 DNA 分子，使之发生遗传变异的过程。来自供体的目的基因被转入受体细菌后，可进行基因产物的表达，从而获得用一般方法难以获得的产品，如胰岛素、干扰素、乙型肝炎疫苗等是通过以相应基因与大肠杆菌或酵母菌的基因重组而大量生产的。即基因重组由于基因的独立分配或连锁基因之间的交换而在后代中出现亲代所没有的基因组合。

原核生物的基因重组有转化、转导、接合等方式。①受体细胞直接吸收来自供体细胞的 DNA 片段，并使它整合到自己的基因组中，从而获得供体细胞部分遗传性状的现象，称为转化。②通过噬菌体媒介，将供体细胞 DNA 片段带进受体细胞中，使后者获得前者的部分遗传性状的现象，称为转导。自然界中转导现象较普遍，可能是低等生物进化过程中产生新的基因组合的一种基本方式。③供体菌和受体菌的完整细胞经直接接触而传递大段 DNA 遗传信息的现象，称为接合。细菌和放线菌均有接合现象。高等动植物中的基因重组通常在有性生殖过程中进行，即在性细胞成熟时发生减数分裂时同源染色体的部分遗传物质可实现交换，导致基因重组。基因重组是杂交育种的生物学基础，对生物圈的繁荣昌盛起重要作用，也是基因工程中的关键性内容。基因工程的特点是基因体外重组，即在离体条件下对 DNA 分子切割并将其与载体 DNA 分子连接，得到重组 DNA。1977 年美国科学家首次用重组的人长激素释放抑制因子基因生产人生长激素释放抑制因子获得成功。此后，运用基因重组技术生产医药上重要的药物以及在农牧业育种等领域中取得了很多成果，预计 21 世纪在生产治疗心血管病、镇痛、清除血栓等药物方面基因重组技术将发挥更大的作用。

从广义上讲，任何造成基因型变化的基因交流过程，都叫做基因重组。

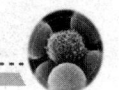

而狭义的基因重组仅指涉及 DNA 分子内断裂—复合的基因交流。真核生物在减数分裂时，通过非同源染色体的自由组合形成各种不同的配子，雌雄配子结合产生基因型各不相同的后代，这种重组过程虽然也导致基因型的变化，但是由于它不涉及 DNA 分子内的断裂 c 复合，因此，不包括在狭义的基因重组的范围之内。

根据重组的机制和对蛋白质因子的要求不同，可以将狭义的基因重组分为 3 种类型，即同源重组、位点特异性重组和异常重组。①同源重组的发生依赖于大范围的 DNA 同源序列的联会，在重组过程中，2 条染色体或 DNA 分子相互交换对等的部分。真核生物的非姊妹染色单体的交换、细菌以及某些低等真核生物的转化、细菌的转导接合、噬菌体的重组等都属于这种类型。大肠杆菌的同源重组需要 Rec A 蛋白，类似的蛋白质也存在于其他细菌中。②位点特异性重组发生在 2 个 DNA 分子的特异位点上。它的发生依赖于小范围的 DNA 同源序列的联会，重组也只限于这个小范围。两个 DNA 分子并不交换对等的部分，有时是一个 DNA 分子整合到另一个 DNA 分子中。这种重组不需要 Rec A 蛋白的参与。③异常重组发生在顺序不相同的 DNA 分子间，在形成重组分子时往往依赖于 DNA 的复制而完成重组过程。例如，在转座过程中，转座因子从染色体的一个区段转移到另一个区段，或从一条染色体转移到另一条染色体。这种类型的重组也不需要 Rec A 蛋白的参与。

噬菌体

噬菌体：是感染细菌、真菌、放线菌或螺旋体等微生物的细菌病毒的总称。作为病毒的一种，噬菌体具有病毒特有的一些特性：个体微小；不具有完整细胞结构；只含有单一核酸。噬菌体基因组含有许多个基因，但所有已知的噬菌体都是在细菌细胞中利用细菌的核糖体、蛋白质合成时所需的各种因子、各种氨基酸和能量产生系统来实现其自身的生长和增殖。一旦离开了宿主细胞，噬菌体既不能生长，也不能复制。噬菌体分布极广，凡是有细菌的场所，就可能有相应噬菌体的存在。

动物 "制药工厂"

生物工程技术向世人展示了这样一幅美妙的前景——动物将成为人类的制药厂。

人们现在已经能自如地把基因切开、粘上，在体内体外大量扩增它的数量，移植到另一个个体或另一个物种，这些基因的插入就像在动物的"遗传信息书"中插入了新的一"章"，如果插入的"章节"确实牢固地"装订"到"书"中，并且加入的位置正确无误的话，动物体的相关部位在"读"到这一"章节"时，就会按要求生产出相应的产品，这就是动物工厂的生产目标。在动物体中，乳腺是能持续分泌乳汁的器官。如果移植入的能促进某种药物蛋白质生成的基因可以在乳腺组织中表达，那么乳汁中就能含有这种蛋白质药物。每天正常泌乳的动物也就成了一个"药物工厂"。

位于美国爱丁堡的药物蛋白质有限公司是一家小型生物技术公司，它拥有罗斯林研究所一项改变哺乳动物基因技术产品的开发权。一些已改变基因的哺乳动物能在其乳汁中产生具有治疗作用的蛋白质。

药物蛋白质有限公司的执行主任荣·詹姆斯博士说："这种新的方法比在基因上改变酵母、细菌或其他哺乳动物的细胞的方法更为有效。"

药物蛋白质有限公司和美国的 Genzyme 转基因公司都已经开始利用基因重组的动物或者转基因动物来生产药物。它们的方法是设法将促使产生蛋白质的基因加入到早期发育阶段的细胞内。不过这种方法只

酵母示意图

能使少数细胞获得这种基因，从而产生有效的蛋白质。生物技术分析家们认为，以目前所拥有的方法来获得一种转基因动物，必须试验、试验、再试验，

科学家们就像在玩一次概率游戏；但是，如果一旦成功了，那么你就只需要成批制造就行了。

　　无性繁殖技术还可同样应用于猪、山羊、兔子以及任何其他的哺乳动物。药物蛋白质有限公司计划在 2000 年以前生产出转基因克隆动物，这些动物能在其乳汁中产生具有药物功能的蛋白质，而且这些蛋白质比目前由转基因动物生产的蛋白质更加稳定。

　　通过转基因技术提取的蛋白质比从血液中提取的产品更安全，因为这可避免如艾滋病和肝炎病毒传染的可能性。同时，这种药物的成本也比由发酵技术生产的生物工程药物更加低廉，一只羊的产量抵得上一家大型生物制药厂生产 1 个月。这种优秀的动物，用无性繁殖的方法大量繁殖，效益将是十分惊人的。因为一只大型哺乳动物在它的乳汁中可产生大量的蛋白质。生物工程工业分析家们认为，这些药物蛋白质的市场年销额，预计可达 185 亿美元。

转基因技术

　　转基因植物是指利用重组 DNA 技术将克隆的优良目的基因导入植物细胞或组织，并在其中进行表达产生特定的蛋白，从而获得新性状的植物。这一技术克服了植物有性杂交的限制，使基因交流的范围无限扩大，可将从细菌、病毒、动物、远缘植物、人类甚至人工合成的基因导入植物，所以其应用前景十分广阔。从 1983 年，世界第一例转基因植物——烟草问世以来，转基因植物产生至今仅 20 多年时间，但其研究和应用得到了非常迅猛的发展。

　　目前，转基因植物的目的主要表现在以下几个方面：

　　（1）抗除草剂。转入了抗除草剂基因的植物，表现出抗不同类型除草剂的性状。

　　（2）抗虫性。如比利时植物遗传公司的科学家于 1987 年首次将苏云金杆菌毒蛋白基因导入烟草中得以表达，表现出对 1 龄烟草夜蛾幼虫的抗性。

　　（3）抗病性。1986 年，美国 Beachy 研究小组首次将烟草花叶病毒外壳蛋白基因导入烟草，培育出抗该病毒的烟草植株，开创了抗病毒育种的新途径。

　　（4）抗逆境性。我国在抗逆基因的分离、克隆和转化等方面的研究已取得一定进展，克隆了耐盐碱相关基因，通过遗传转化已获得了耐 1% NaCl 的苜蓿、耐 0.8% NaCl 的草莓、耐 2% NaCl 的烟草，抗逆基因工程作物已进入田间试验阶段。

（5）改良植物的品质。如富含蛋氨酸的转基因烟草、直链淀粉含量降低的转基因水稻、月桂酸含量高达 40% 的转基因油菜都相继成功，有的已进入大田试验。

欧洲有关权威机构认为，遗传物质能够再生或转移的生物实体都是转基因生物，同时又认为，转基因是指分散在自然环境中的、基因被改变了的生物。因此，为进行生物研究而在实验室里使用的转基因老鼠以及在实验室里生产胰岛素或生长激素的微生物，都与我们所说的转基因无关。

要想改变一种生物的基因，就把一种新的基因"送给"这种生物。与传统的物种杂交手术不同的是，要转移的基因可以来自一个与接基因的物种没有任何关系的物种，例如，我们可以培养出带水母基因的老鼠，其水母基因能使这种老鼠在某些光线下发出荧光！

改变生物物种要冒的最大风险就是环境方面的风险。生态学家担心，转基因作物所具有的新特性会转移给附近的野生植物。能抵抗除莠剂的转基因油菜会使野生芥菜受到传染，从而使野生芥菜对除杂草措施不敏感。

转基因烟草示意图

人们在从事转基因生物对食品的危害问题研究时发现，现有的转基因生物似乎是无毒的。但是，几年前出现了一种变态反应。有一种转基因大豆因为会引起变态反应而可能会被放弃。因此，这就需要我们在将每一种新的转基因生物投放市场以前要进行专门检验。

从农艺学角度来看，现有的转基因作物有更好的特性。例如，有些玉米、大豆或棉花在被"嫁接"了基因（常常是细菌的基因）后具有了抗莠、抗虫害或抗寄生真菌的特性。另外，转基因技术还可以使一些植物具有抵抗某些病毒的能力。

有些转基因作物可以用来研制医药物质。例如，有一种转基因烟草，它的一些组织结构可以产生血色素。在这些转基因生物中，特别有用来制造胰岛素、生长激素或疫苗的复合微生物。另外，有一种转基因猪，我们可以取其器官用于移植。一些转基因母牛、转基因羊和转基因兔子，它们的奶含有医学物质。还有很多转基因老鼠可以供医学研究之用（特别是可以用于抗癌研究）。

事实上，转基因食品不仅是安全的，而且往往要比同类非转基因食品更安全。种植抗虫害转基因作物能不用或少用农药，因而减少或消除农药对食品的污染，而大家都知道，农药残余过高一直是现在食品安全的大问题。抗病害转基因作物能抵抗病菌的感染，从而减少了食物中病菌毒素的含量。应用转基因技术，还可以改变某些食物的致敏成分，使得对这些食物过敏的人也可以放心地食用。例如，5 岁以下幼儿和某些成年人会对大豆过敏，这是由大豆中 3 种蛋白质引起，用转基因技术使编码这些蛋白质的基因失去功能，就能培育出不会导致过敏的大豆。此外，用转基因技术改变种子油的成分，降低饱和脂肪酸的含量，或降低重金属在果实、种子中的沉积，都是很有益身体健康的。

一般人不知道，我们天天吃的大米实际上不是"健康食品"。大米中含有一种叫做肌醇六磷酸的小分子，它能与铁紧紧地结合，使得小肠难以吸收食物中的铁。因此那些以大米为主食的人，容易患上铁缺乏症而导致贫血。菲律宾国际水稻研究所的研究人员在研究转基因水稻"金大米"时，除了用转基因技术提高金大米中维生素 A 前体的含量以减少在亚洲人当中普遍存在的维生素 A 缺乏症，还为了解决铁吸收的问题，往金大米中再转入 3 种基因：①来

转基因大米示意图

自真菌的酶基因，这种酶能够把肌醇六磷酸降解掉；②来自菜豆的铁蛋白基因，铁蛋白能够储存铁；③来自印度香米的基因，它生产的蛋白质有助于人的肠道吸收铁。因此，吃这种转基因大米，要比吃普通大米更有益身体健康。

一般人也不知道，转基因技术实际上要比传统的育种技术（例如杂交、用辐射或药物诱变）更安全。传统的育种技术无法控制某个基因在哪里和如何表达，同时改变了许多基因（对此我们往往一无所知），难以检测产物对环境的影响，并且可能培育出有害健康的性状（对此我们可能一时无法觉察）。而转基因技术可以准确地控制基因的表达，只动了1个或少数几个我们已知其功能的基因，容易检测产物对环境的影响，并且如上所述，它可使食物更安全。

转基因技术

转基因技术：是将人工分离和修饰过的基因导入到生物体基因组中，由于导入基因的表达，引起生物体的性状的可遗传的修饰技术。人们常说的"遗传工程"、"基因工程"、"遗传转化"均为转基因的同义词。经转基因技术修饰的生物体在媒体上常被称为"遗传修饰过的生物体"。利用转基因技术可以改变动植物性状，培育新品种，也可以利用其他生物体培育出期望的生物制品，用于医药、食品等方面。

基因工程培育出的特异作物

彩色蔬菜是美国的农业科学家利用基因工程培育出来的，有粉红色的卷心菜、金黄色的土豆、肉红皮白的萝卜、紫色的豆芽菜。一看到这么绚丽多彩的蔬菜，大家一定会垂涎欲滴。

（1）蓝色玫瑰花：蓝色是全世界人都喜欢的颜色。但玫瑰却没有蓝色，它是蔷薇属的花。墨尔本的科学家们，花了4年的时间从矮牵牛属、鸢尾属和翠雀属植物中分离出控制各种蓝色的基因。利用基因工程的方法获得了蓝色玫瑰花，一下就登上了世界插花市场和发达国家的礼品市场。产生各种颜色是植物独特的本领，这是由于植物体内能合成多种色素。而控制各种颜色的，也是"总司令"DNA中的基因。如果按传统的常规方法培育出奇特颜色的植物，那是一件时间长、工作量大、非常困难的事；而科学家们利用高科技基因工程的方法，从根本上改造植物，大大缩短了培育新品种的时间。

（2）颜色基因：科学家们首先搞清了控制植物色素合成的"指挥官"——酶。我们就叫它颜色酶吧。通过这个酶，科学家找到了主管它的"总司令"——颜色DNA。利用颜色DNA对植物颜色进行改造，和前面所讲的基因工程技术不太一样了，这种方法叫反义技术。可以人工合成DNA或RNA。提到RNA读者们一下会回忆起来，这不是前面故事中提到的"参谋长"吗？对，就是那些"参谋长"。但这个"参谋长"和那些"参谋长"不一样，它和颜色DNA不一条心，它是假的，人工合成的，采用以假乱真手法来阻止颜色DNA合成它原来的颜色。比如科学家用牵牛花做实验，红色"总司令"DNA要下命令了，人们马上把合成的假参谋长的RNA注入细胞，假的和真的几乎一模一样，它马上去和"总司令"DNA配对，配对后就牢牢贴在"总司令"的身上不肯脱离，这就谈不上往下传达命令去合成红色了，控制红色的"总司令"DNA只能眼巴巴地看着其他颜色的"总司令"DNA去指挥（合成非红色的）颜色酶，促使牵牛花呈现出无红色的不寻常的美丽颜色。

（3）抗虫、抗病植物：植物和人一样，也怕病毒、细菌、真菌和害虫的侵袭。人有腿有手，可躲可攻。植物对来犯者就无能为力了。虽然植物也有自己的防卫系统，但那只能是对自己稍加一点保护。就每年全世界病害造成的损失达120亿美元，虫害造成的损失达50亿美元。1993年我国因棉铃虫危害，几乎造成3/4棉花的减产。为帮助植物抗虫、抗病，科学家们利用基因工程技术，培养出抗虫、抗病毒的烟草、水稻、玉米、西红柿、

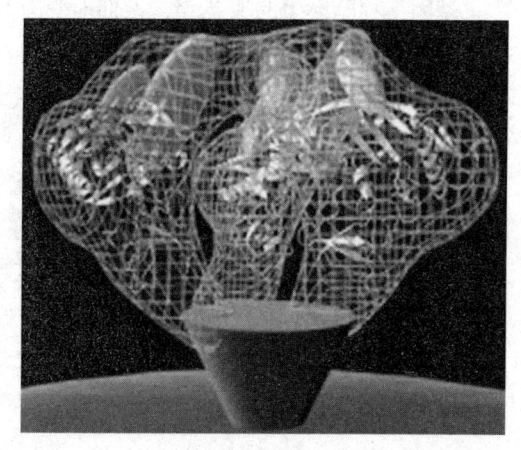

毒蛋白示意图

甘薯等植株。为什么这些植物不怕害虫了呢？原来科学家们在一种菌中发现了一种结晶状的毒蛋白，这种毒蛋白在昆虫的消化道内变得特别活跃，使昆虫消化道损伤，最终导致昆虫死亡，而对其他生物无害。科学家就从菌的DNA上切下了这段毒蛋白基因，再把这个基因插入到植物细胞的DNA中。随着植物细胞DNA的活动，合成了很多抗虫的毒蛋白，虫子吃了它，自己的消化道就慢慢地烂掉了。

还有一种虫子害怕的毒蛋白，它的名字叫胰蛋白酶抑制因子。胰蛋白酶是负责消化食物的。胰蛋白酶抑制因子可阻止害虫的消化功能。科学家从一种植物中找到了抑制因子的基因，并成功地把它引入了烟草、甘薯等植物中，这个基因在叶子中指挥合成了很多胰蛋白酶抑制因子，害虫吃了东西后因消化不良，结果活活被撑死。在世界范围内，抗虫植物将陆续成为商品，1994年已有抗棉铃虫的棉花上市；1995年有抗虫的马铃薯上市；1994～1995期间有抗虫的欧洲黑杨树上市；1996年出现抗玉米螟的玉米商品。

抗性植物对付病毒的办法是自身产生更多的防卫蛋白或卫星RNA，也就是提高植物自身的抵抗力。这些防卫蛋白或卫星RNA可以把病毒挡在植物细胞壁外，或将病毒包围起来，使它不能再繁殖，不能致病。

读者们已看到，自1973年基因工程诞生以来，人类是极其重视它的。因为就其它的理论意义和实践意义都非常重大。但和任何新生事物一样，它的成长过程也遇到了强力的阻力。

基因工程刚诞生的头几年，人们对它有很多争论。争论的焦点是害怕基因工程创造的新生物会从实验室逸出，在自然界造成难以控制的危害。有害的新细菌或病毒与化学物质不同，它们会在自然界不断增殖，造成的危害更大。于是许多社会人士、政府官员，甚至有些科学家发出呼吁，要求制定法规，限制基因工程的研究。美国国立卫生研究院还成立了一个专门委员会处理这些诉讼事宜。后来，研究人员通过事实消除了人们恐惧的心理。开始，人们用大肠杆菌K12做实验，人们担心通过研究者的消化道带出实验室。经过连续两年对研究人员的粪便检查，均未发现大肠杆菌K12和质粒。自1977年以后，人们陆续成功地进行了基因操作之后，各种指责逐渐消失，基因工程以它旺盛的生命力向前发展。

生命奥秘揭秘

SHENGMING AOMI JIEMI

生命中有着诸多人类历经多年探索今日始能破解的秘密，干细胞之谜、动物多彩血液的奥秘、雌雄互变的秘密、人类的返祖现象、生命在冷冻后复活以及遗传与智力的错综复杂的关系等等。破解生命中的奥秘，对人类来讲，其意义非常重大，不但可以让人类更好地了解生物的生命玄机，这其中也包括对人类自身的某些生命玄机的了解，更为重要的是，在了解了这些奥秘之后，人类可以更好地将这些知识应用到相关领域，进而可以尽可能完善地处理好生物界中繁多复杂的关系和更好地提高人类自身的生活质量。

生命过程中不可缺少的"细胞自杀"

生物学家一直弄不明白，胚胎中的一团细胞，怎么会变出手、足、头脑，最终长成一个胎儿的。经过多年的研究探索，现在，科学家能肯定地告诉你，胚胎细胞是通过自杀，让多余的细胞死亡，恰到好处地分裂生长来塑造自己的。

在细胞核的信息分子中，有一种死亡程序，它发出的指令能调节细胞的生长与死亡。当细胞接到死亡指令，细胞中的物质就收缩成小颗粒，再"爆

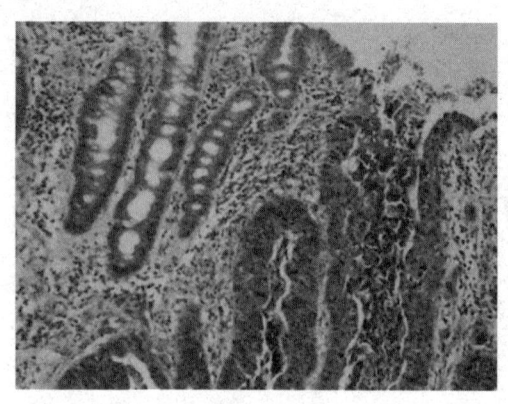

细胞"自杀"

炸"成碎片，吞噬细胞将碎片"回收"，改造成新细胞的元件。这同病源微生物杀伤细胞的方式完全不同，病原体毒素使细胞中毒时，细胞胀大破裂，内容物渗出，并引起疼痛、发热等免疫反应。而细胞自杀却不痛不痒，是一种主动的生理过程。

据科学研究，细胞自杀是生命过程不可缺少的，随时随地都在进行，如果这种自杀一旦停止，就标志着生命的死亡。拿人来说，血液中的红细胞每秒钟自杀成千上万；表皮细胞不断脱落死亡；肌肉细胞定期更换。对细胞的自杀程序，过去并不清楚。20 世纪 80 年代，美国科学家约翰逊和他的助手，在研究神经细胞生长时，发现了细胞自杀的程序。神经细胞又叫神经元，是组成脑和神经的基本单位。它的形状就像一只带刺的球形毛虫，生出了一条细长的尾巴。这尾巴叫"轴状突起"，细胞上分叉的毛，称为"树突"。轴突和树突，就是平常所说的神经纤维。神经细胞在生长时，先生出细胞体，再长出突起。突起的生长就像草发芽那样，会长出很多，但大部分突起是不必要的。这时，机体就启动自杀程序，让多余的"芽"死去，必要的"芽"生长，修饰成一个有正常树突和轴突的神经细胞。

在离体的神经细胞培养液中，实验人员加进阻止自杀的基因程序，神经细胞就长出一身乱毛，成了"疯子"神经元，失去了传递信号的功能。如果加进去过量的自杀基因程序，就不能长出神经纤维，这样的神经细胞即使长成，也是废品。在对其他细胞进行培养时，也能用同样的实验方法，使细胞生长或自杀，这说明细胞中确实存在有自杀程序。后来的研究又发现，细胞的正常分裂和生长，除营养、激素和自杀程序外，还要有细胞生长因子。科学家在研究癌细胞时，发现一种基因，将它种在老鼠的淋巴结上，它能发出一种蛋白质信号，阻止细胞自杀，于是老鼠的淋巴结细胞就不断分裂积累，变成了肿瘤。后来，科学家又找到另一种基因，它同前一种功能相反，能命令合成细胞自杀的蛋白质，若将它接种到肿瘤上，癌细胞就开始自杀，癌块逐渐变小，最后奇迹般地消失了！科学家们认为，生物体的生理活动，有一系列的控制程序，基因控制是一切控制的总后台。细胞自杀，过去只当作一种生命现象来研究，现在成了免疫、癌症和艾滋病研究的重要课题。

当你不小心碰破皮肤，病菌就会乘虚而入，这时血液里的白细胞就会涌向伤口，吞食病菌，受伤处就红肿起来。病菌消灭后，白细胞就引爆自杀成为碎片，吞噬细胞将碎片清除，红肿逐渐消失。科学家在研究中还发现，病毒感染健康细胞后，淋巴细胞会给它插上标记，命令带病毒的细胞自爆死亡。这说明细胞自杀，还是机体抗感染的重要手段。

 知识点

细胞分裂

细胞分裂：是活细胞繁殖其种类的过程，形式是一个细胞分裂为两个细胞。分裂前的细胞称母细胞，分裂后形成的新细胞称子细胞。通常包括细胞核分裂和细胞质分裂两步。在核分裂过程中母细胞把遗传物质传给子细胞。在单细胞生物中，细胞分裂就是个体的繁殖，在多细胞生物中，细胞分裂是个体生长、发育和繁殖的基础。

"干细胞"之谜

台湾桃园国际机场，一架波音747客机在朝霞中起飞，在香港稍作停留后，直达北京航空港。客机刚刚停稳，扶梯上就急匆匆走下两位穿白衣的人，他们护着一只方盒，向早已等候在跑道边的救护车走去。汽车载着白衣人风驰电掣般地行驶在大街上，不一会儿就到了首都医院，前来迎接的医生紧握着白衣人的手说："太感谢了！太感谢了！"这是怎么回事呀？原来，一位名叫小兰的北京女孩得了白血病，需要进行骨髓移植，但女孩的血型很特别，在上千万人里才能找到一个血型相符的。医院在国际互联网上发出求援信息，台湾红十字会的骨髓库正好有这种骨髓，其用电话告知北京，送来了救命的骨髓。

白血病又叫血癌，是由于红骨髓里的造血母细胞发生基因突变，产生过量的白细胞，破坏了血液正常功能形成的一种癌症。小兰被注入台湾同胞的骨髓后，很快就康复出院了。

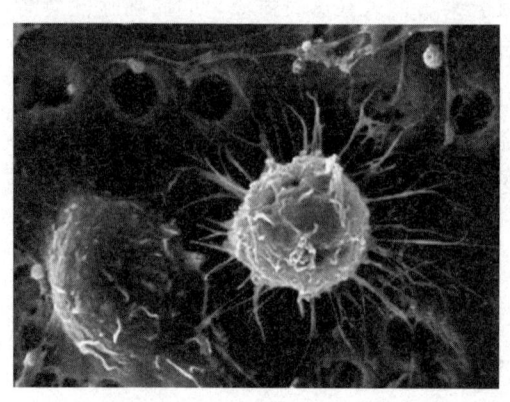

神奇的干细胞

人的血液中有红细胞、白细胞和血小板 3 种血细胞，它们有固定的比例，分别完成运送氧气、消灭病菌和小血管破裂出血后血液凝固的任务。血细胞每天要大量死亡，就靠红骨髓里的造血母细胞分裂生成新的血细胞补充。生物学上称这种能生出新细胞的母细胞为"干细胞"。

科学家曾做过这样的实验：将一只小白鼠的肝脏切去 2/3，要不了 1 个月，肝脏里的干细胞就分裂增生，长出完好如初的肝脏；血液中的红细胞每天要死去成千上万，120 天更新一遍，靠的就是骨髓中的干细胞；表皮细胞不断死亡，又不断长出新的，因为皮肤下有干细胞。但是，在手臂上割去一块肉，就不能恢复，因为肌肉组织中没有干细胞。

身体各处的干细胞，大多处在休眠状态，只有骨髓、精巢和卵巢、皮肤等处的干细胞，一直在活动，因为它们关系生命存亡和延续后代的大事，是不能停止活动的。生理学家认为，发育着的胚胎都是干细胞，它们能不断分裂分化，变成皮肤、肌肉、神经、血细胞等。但一到胚胎发育成熟，成为胎儿，就失去了干细胞的特性，只有骨髓、生殖器官、肝脏、皮肤等器官中仍保留着干细胞。

干细胞是细胞更新、组织修补的原材料，在动物育种、器官移植中神通广大，所以科学家一直想弄清干细胞的秘密。要研究干细胞，先得把它们从普通细胞中分离出来，但科学家研究了 10 多年，也没有把干细胞请出来。直到 1981 年，英国有一位科学家才从小鼠的胚中，分离出干细胞。一般细胞在体外只能分裂 10 几代，而干细胞能繁殖 150 代，也不改变遗传的特性。把它接种到小鼠的胚中，能形成各种组织。

在对干细胞的研究中，科学家意外地发现，干细胞有发育成多种细胞的本领。例如，红骨髓干细胞不但能变成血细胞，还能变成脑细胞，这项发现在医学上意义重大，它能用到器官的再造和移植上。例如，一个人的心脏坏了，必须换一颗好的心脏，但得到捐赠的机会是极少的，大多数坏了心脏的人只有等死。现在，医学家已初步学会了在体外让干细胞转化的方法，能培养出血细胞、肌肉、肌腱、软骨等组织。

干细胞分类

干细胞是一类具有自我复制能力的多潜能细胞，在一定条件下，它可以分化成多种功能细胞，在医学界被称为"万用细胞"。根据干细胞所处的发育阶段分为胚胎干细胞和成体干细胞。根据干细胞的发育潜能干细胞分为三类：全能干细胞、多能干细胞和单能干细胞。

多彩的动物血液

如果有人问：血液是什么颜色的？

你准会毫不迟疑地回答：红色！是的，哺乳动物、人类血管里流动的是鲜红的血。但在生物学家的眼里，动物的血液却是多彩的，除红色外，还有蓝、青、绿、白、褐、淡蓝、红绿相间、玫瑰色等9种。脊椎动物的血液大多是红色的，生物学家对红色的血液研究比较多，不但搞清了高等动物血液的成分和功用，而且对红色血的色素也进行了分析，并且了解到血红素中含有二价的铁离子，不但呈红色，且有一股子铁腥味。血红素同蛋白质相结合，生成的血红蛋白有一种奇妙的特性，它能与氧分子和二氧化碳分子进行不稳定的结合，成为这两种气体的载体。血液从左心室泵出流经肺泡时，血红蛋白放出从组织细胞带来的二氧化碳，同新鲜氧气结合，这时的血液呈特有的鲜红色，称为动脉血；血液从右心室出发，流经组织细胞时，血红蛋白把氧气供给细胞，同时将组织中的二氧化碳和废物带走，这时的血液呈现暗红色，叫静脉血。血红蛋白从鲜红到暗红，又从暗红到鲜红的变化是生命体生生不息的动力，如果这种变化一旦失调，生命就会发生危险。

　　动物界种类最多、数量最大的是昆虫，据生物学家估计，地球上的昆虫，少说也有 100 多万种。昆虫的血液有各种各样的颜色，最常见的是黄色、橙红色、蓝绿色和绿色。在十字花科植物间飞舞的菜粉蝶，其幼虫、蛹或成虫的血液，雌雄有别，雌性为绿色，雄性则是金黄色或无色透明；大天蚕蛾、家蚕的血液为黄色；飞蝗的血液为淡绿色。环节动物蚯蚓的血液是玫瑰红色的，蛭的血液为红色。所以，不同种类的动物，血液的颜色各不相同。同样是血液，为什么颜色会不同呢？科学家认为，血液的颜色是由血色素决定的，像鳞翅目昆虫，体液中多胡萝卜素、核黄素、黄酮等，血液就呈现黄色。血液的颜色还与血蛋白中的金属离子有关，所含离子不同，血液的颜色也不同。如果血液中有 2 种不同的血蛋白相互掺和，血液的颜色也会变化。例如，直翅目昆虫中的各类蚂蚱，血液中既有黄色蛋白，又有蓝色蛋白，两者相辅，血液就呈现淡绿色。

昆虫的血液是多彩的

在我国 300 万平方千米的海疆中，生活着几十万种海洋生物，从低等的藻类植物到高等的哺乳类动物应有尽有，它们组成了充满生机的海洋生态系统。有的海洋生物既原始又奇特，如福建沿海有一种定名为鲎的生物，模样奇丑，雌性个体大小与老鳖相当，它的进化程度只与地质史上的三叶虫属同等，分类则与蜘蛛同宗，是有名的活化石，它的血液是蓝色的。经科学测定。鲎的血蛋白中含有 0.28% 的铜离子，组成的是血蓝蛋白。因为鲎在进化上比较低等，它的血细胞没有组织分化，只是一种变形细胞，因此抵抗微生物的能力很差。在鲎的生命历程中，遇到病菌入侵，变形细胞就使出浑身的解数，用自己的凝固的办法吞噬细菌，但却经不住众多病菌的进攻，变形细胞一个个崩溃，最后连血液也凝固起来。鲎也就命归黄泉了，所以这种丑八怪的寿命极短。

鲨血的致命弱点，在医药卫生上却大有用处。科技人员把鲨的血液抽出来，经过离心纯化，得到白色的液体，里边有大量变形细胞的溶解物，冷冻干燥后就成了粉状的鲨试剂。鲨试剂是很灵敏的检测试剂，在医学上有着广泛的用途。

血红蛋白

血红蛋白：是高等生物体内负责运载氧的一种蛋白质。血红蛋白是使血液呈现红色的蛋白，它由四条链组成，两条 α 链和两条 β 链，每一条链有一个包含一个铁原子的环状血红素。氧气结合在铁原子上，被血液运输。另外，血红蛋白也负责运输二氧化碳的任务，维持血液酸碱平衡。

揭秘雌雄互变之谜

生物大多都有性别的区分，或雄或雌，或公或母。生物是如何区分性别的呢？

秘密全在生物细胞核的染色体上。生物的染色体是成双成对组合在一起的，不同的生物，染色体对的数目是不一样的，像水稻有 12 对染色体，猕猴有21 对染色体，而人体有23 对染色体等等。在这些染色体中，只有 1 对是决定生物性别的，这对染色体叫"性染色体"，那么其他的则叫"常染色体"。生物的性染色体有型号的区别，如果蝇、人等，在一对性染色体中，一条用英文字母 X 表示，另一条用 Y 表示，如果生物细胞中的一对性染色体是 XX，表示是雌性的；如果生物细胞中的一对性染色体是 XY，表示是雄性的。这类生物属于 XY 型性别决定。而鸟类等生物的一对性染色体中，一条用英文字母 Z 表示，另一条用 W 表示，如果生物细胞中的一对性染色体是 ZZ，表示是雄性的；如果生物细胞中的一对性染色体是 ZW，表示是雌性的。这类生物属于 ZW 型性别决定。在性细胞分裂形成精子和卵细胞时，姐妹染色体要分开，对精子来说就会有 X 精子和 Y 精子，卵细胞都是 X 卵子，Y 精子和 X 卵细胞结合生下雄性的后代，XX 结合就生下雌性的后代。当然，还有其他形式的性别决定，像蜜蜂，性别由染色体的倍数决定。龟鳖等的性别由卵细胞的孵化温度决定，在 26～27℃下孵出的幼体大多是雄性，在 29℃ 孵化出的幼体，80%是雌性。

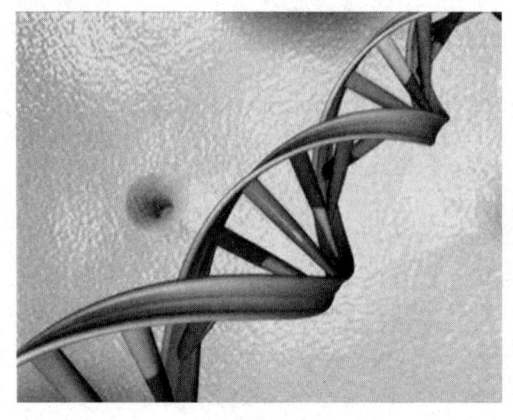

染色体

在生物界，还有性逆转的现象。如黄鳝刚从受精卵里孵出来，都是雌性，到产卵后卵巢就逆向生长变成精巢，长到 42 厘米以上时，大部分都变为雄黄鳝。这时的黄鳝体肥肉多，是加工黄鳝菜肴的上等原料。

性别变化是一种自然现象。有的生物大多产雄性幼体，有的大多产雌性幼体，在养殖业中人们根据市场需求，要进行性别的人工控制。例如，罗非鱼是一种营养价值很高的热带淡水鱼，雄鱼体大肉多，雌鱼长得较小，因此多养雄鱼，才有较好的经济收入。在雌雄混杂的鱼池里。罗非鱼的性成熟早，繁殖率高，大量的鱼挤在一起不容易长大，就是雄鱼也难长到 200 克以上的商品标准。如果将雄鱼单独饲养，每条鱼都能长到 1000 克，产量是原来的几倍，如果用人工方法把雄鱼苗挑出来也很不容易。科技人员了解到，罗非鱼是"XY"型性别决定，一般在孵化后 25 天左右才开始性别分化。他们在第 24 天向鱼苗池中加进雄性激素，大部分鱼苗变成了雄鱼，产量大大提高。但是加进水里的雄性激素，在很长时间里都不被分解，会污染环境。为了解决生产与环境保护的矛盾，科技人员想出了一个绝妙的主意：先用雌性激素叫一些雄鱼变成"雌鱼"（性染色体仍是"XY"），让它们同真正的雄鱼交配，得到了"YY"型雄鱼。给一些"YY"雄鱼喂以雌性激素，使它们变成雌鱼。让"YY"雄鱼同"YY"雌鱼交配，就育出了能稳定遗传的 YY 雄鱼。这种雄罗非鱼，外表与 XY 雄鱼差不多，但比用激素处理的鱼成活率高，产量也比激素鱼高出 30%，同混杂鱼相比，产量要高出 50%。

有些动物的生产优势在雌性，如奶牛。为了多得母牛，英国剑桥大学的科学家，根据 X 精子中的 DNA 比 Y 精子多 40%～50%，用仪器把 90% 以上的 Y 精子分离出来。这种方法现已在畜牧生产中启用。

常染色体

常染色体：又称体染色体，是指生物体内与性别决定无关的染色体。常染色体也是成对存在的。人类有 23 对染色体，其中 1 对是性染色体，剩余的 22 对染色体就是常染色体。每一对染色体中的两条分别来自父方与母方。一个正常的染色体一般都只有一个 DNA 分子，在细胞分裂时，DNA 复制，使一条染色体含有两条 DNA 分子。之后每一条染色体分裂为两条，使每条染色体都含有一个 DNA 分子。这两条染色体再分配到两个子细胞中，使子细胞各拥有一条染色体。

奇妙的动物共生现象

对于不同种属的生物，人们常见的是相互间的逐杀和争斗。可是，奇妙的大自然中也存在着另一种动物关系。这就是一种特殊的"共生"现象，即两种不同的生物相互依存，互惠互生。很多动物在它的生活中都会交上一些"异种"朋友。比如：凶猛的鲨鱼也会有一些小伙伴，这些小鱼叫拟狮鱼。它们常常在鲨鱼身旁来回穿梭，去吞食鲨鱼吃剩的残屑。

海葵示意图

鲨鱼为什么能容忍这种"无视"它权威的小鱼呢？原来，这些小鱼不仅在它前面帮助导航，以找到鱼群集结的地方，而且还常常游到鲨鱼的嘴里帮助鲨鱼剔牙，这种登上门来的"牙医"和"向导"，鲨鱼还能拒绝吗？

海葵与双锯鱼。在海洋中，最著名的共生伙伴是海葵和双锯鱼。海葵色彩艳丽，栖息在浅海或环形礁湖的海底。双锯鱼很小，最长的不过十几厘米。双锯鱼与海葵为伍，主要是寻求庇护。海葵不但保护双锯鱼，还给它们提供食物。双锯鱼的主要食物是浮游生物，但也经常把海葵坏死的触手扯下来，吃上面的刺细胞和藻类。双锯鱼对海葵的好处，主要是帮助它们清理卫生。海葵不能移动位置，因此很容易被细沙、生物尸体或自己的排泄物掩埋窒息而死。双锯鱼在海葵的触手中间游来游去，搅动海水，冲走海葵身上的"尘埃"。如果有较大的东西落在海葵身上，双锯鱼便立即叨走，为它除去一害。

双锯鱼

犀牛与犀牛鸟。犀牛发性子时，连大象也要远远地躲避它。这个粗暴的家伙，却也有它的"知心朋友"，那就是我们所说的"犀牛鸟"。犀牛皮肤坚厚，但皮肤的褶皱之间，却非常嫩薄，是寄生虫和吸血昆虫理想的攻击之处。犀牛除了往身上涂泥来防治害虫外，主要还是依靠这种小鸟。犀牛鸟停栖在犀牛背上，可以啄食那些害虫，作为自己的主要食物。此外，犀牛鸟对犀牛还有一种特殊价值，它会及时向犀牛报警。因为犀牛的嗅觉和听觉虽灵，视力却非常差，有敌害悄悄地向犀牛发动袭击时，犀牛鸟就会飞上飞下，以此引起"朋友"的注意。

鳄鱼与鳄鸟。鳄是一种善于游泳，性情凶恶的大型爬行动物。它常栖息在水边捕食。它的食域很广：各种鱼类、蛙类、鸟类，它都不放过，甚至有时袭击人畜。因此，大多数的小动物都避开它。但是有一种小鸟却从不躲避它，甚至钻进它的口腔中。这种小鸟叫鳄鸟，它是鳄的朋友，它们友好地生活在一起，有时鳄鸟钻进鳄的口腔里，鳄突然闭上嘴巴。不过你不要担心，只要鳄鸟在里面轻轻叩击鳄的上下颚，鳄就会张大嘴巴让鳄鸟飞出。鳄为什么不吃飞进它嘴里的鳄鸟呢？原来，鳄鸟可以细心地剔出鳄齿间的食物残渣，并啄食寄生在其中的小蛭。鳄的口腔得以清洁，鳄鸟也可以得到丰盛的美餐，并得到鳄的保护。

返祖现象在人体上的体现

我们都知道，生命的进化是一个永无止境的过程。然而生物进化的方向也不是我们所能控制的。达尔文的《物种起源》告诉我们，环境的变化是物种进化的原因。有趣的是，在现代社会中出现了返祖现象。那么我们应该如何认识返祖现象呢？

返祖是指有的生物体偶然出现了祖先的某些性状的遗传现象。在人类，偶然会看到有短尾的孩子、长毛的人、多乳头的女子等等，这些现象表明，人类的祖先可能是有尾的、长毛的、多乳头的动物。所以返祖现象也是生物进化的一种证据。关于返祖现象，现代遗传学有2种解释；①由于在物种形成期间已经分开的，决定某种性状所必需的2个或多个基因，通过杂交或其他原因又重新组合起来，于是该祖先性状又得以重新表现；②决定这种祖先性状的基因，在进化过程中早已被组蛋白为主的阻遏蛋白所封闭，但由于某种原因，产生出特异的非组蛋白，可与组蛋白结合而使阻遏蛋白脱落，结果被封闭的基因恢复了活性，又重新转录和翻译，表现出祖先的性状。

返祖现象在人类身上的体现，例如一生下来身上就长满毛发的毛孩，就是一种人类毛发组织器官的返祖"退化"现象；耳朵可以大幅度移动，可归类为神经系统的返祖"退化"现象；天生长有尾巴的人，可归为退化器官的返祖"退化"现象。由此可见，返祖现象显现的部位具有不确定性。以此类推，人类的其他器官功能也

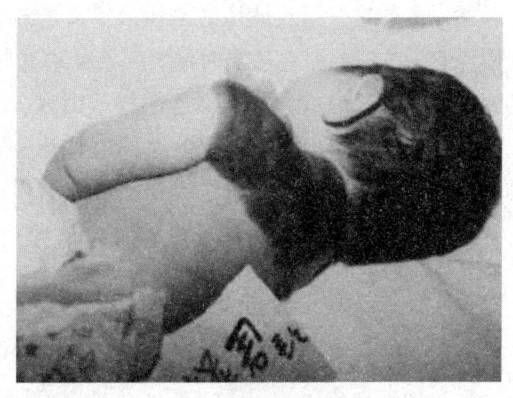

返祖现象

不能排除会出现返祖"退化"现象，虽然上述一生下来身上就长满毛发、耳朵会动和长有尾巴的返祖现象严格地说不是一种疾病，但如果人类的某些具有特殊功能的器官也出现返祖"退化"现象，例如控制感情、道德观的神经协调系统、大脑系统出现返祖"退化"现象，由于古代人类的重要部位的神经协调系统与现代人不可能完全相同，其智力程度也相对较低，将使该人有可能表现出某种先天性心理障碍、先天性神经系统疾病、先天性智障等现象。因此，不能完全排除个别先天性精神病、先天性智障的起因与神经协调系统、大脑系统出现返祖"退化"现象有关，如果能够研究证明先天性精神病、先天性智障的起因确实与神经协调系统、大脑系统出现返祖"退化"现象有关，则可在治疗时针对患者精神病、智障的不同成因区别对待，对症下药。

除了多毛，还有种种奇怪的返祖现象，如有的人的骶部长有短的尾巴；有的人耳朵能像兔子和狗一样随意转动；有的人乳头不是2个而是像猪等动物一样长2排。这些都是与今天的人类不同而与人类祖先的某个阶段相似的特征。

人类的祖先具有的某些形态特征在人的进化过程中已经发生了很大的变化，如脑量增大、体形改变、毛发稀疏、尾巴消失等等。人类祖先的基因和基因调控在这个过程中也发生了很多变化，有的基因改变了，有的基因在人的发育的某一阶段关闭起来。比如人的胚胎发育中到2个月末时，是有尾巴的，到6个月时全身有细密的毛，在胎儿成长的过程中控制生尾的基因关闭了，因此胎儿的尾巴停止生长变成骶骨；胎儿出生前浓密的体毛也消失了。胚胎发育的这一过程被认为是重演了人的进化过程，说明人类祖先的某些基因没有消失，只是在适当时候关闭。如果这些应该适时关闭的基因没有关闭，或是因某种原因重新打开，这部分基因就会使人出现异常发育，重现祖先的某些特征。至于出现返祖现象的具体诱因，现在还是一个谜。

组蛋白

组蛋白：真核生物体细胞染色质中的碱性蛋白质，染色体中除组蛋白外的蛋白质称为非组蛋白。组蛋白含精氨酸和赖氨酸等碱性氨基酸特别多。组蛋白与带负电荷的双螺旋 DNA 结合成 DNA - 组蛋白复合物。几乎所有真核细胞染色体的组蛋白均可分成 5 种主要的组分，分别用字母或数字命名：H1、H2A、H2B、H3、H4。

生命在冷冻后复活

南极东方考察站钻机欢唱，每一个考察队员的脸都被朝霞映得通红，一段段冰岩标本整齐地码放着，编号依次上升。科学家对这些小冰柱十分爱惜，因为这些冰柱加起来就是一本南极地层的教科书。

在 400 米深的地层里，科学家找到了许多古细菌，回到实验室慢慢将它们解冻后。这些细菌竟然从沉睡中醒来了！按 1000 米冰层 10 万年计算，这些小生命在又黑又冷的冰层中已冷藏了上万年，照这样计算这些小生命已有 12000 岁了！

低温与生命的微妙关系，是当今科学研究的热门课题。生物学家们进行了大量的实验研究，取得了丰富的第一手资料。海洋中的刺鱼在热带水域，生命周期是 14 ~ 18 个月；但在南北极低温带，它们要几年才性成熟。在零下 80℃ 的低温中，一些细菌的繁殖，要比 0℃ 时慢 20 倍。昆虫是最短命的，有的只能活几个月；蚕蛾才活几小时，但在低温下，蚕蛾能活 60 年不死！一只青蛙在 2℃ 的冷水里冬眠，寿命要比在 21℃ 的水中高 960 倍。有的科学家认为，人的体温如能降低 3℃，平均寿命就能增加 20 年。

1958 年，美国科学家把红细胞放在液氮（ - 196℃）中保存，使红细胞新陈代谢停止，12 年后再让温度回升，红细胞又恢复了生机。1980 年，医学家将抽出的红骨髓细胞放在甘油里冷冻至 - 196℃，几个月后再解冻，并用于骨髓移植，最终取得了成功。

低等生物和细胞冷冻后还能回生，那高等的生物呢？如果将一条鱼先放在 0℃ 的水中生活一段时间，再渐渐冷却到 - 20℃，把它冻在冰块里，2 个月后温度再慢慢回升，死了的鱼又活起来了！更令人惊奇的是死兔复活试验：将一只兔子闷死，抽出血液，待 10 分钟后把死兔浸到冰水中，让兔子的体温维持在 20℃。过了 1 ~ 1.5 小时，把含有氧气的血液输入兔子的血管里，同时升高体温，兔子心脏又开始收缩，接着恢复呼吸，最后睁开双眼站了起来。

1967年1月19日，世界第一位人体志愿者的冷冻试验在美国凤凰城进行，著名心理学家贝福德教授由于患上不治之症治疗无望，自愿冷冻处理。

试验一开始，教授静静地躺在特制的玻璃棺中，医生慢慢将他的血液抽出，再一点点降低体温，当降至 –30℃时，在玻璃棺的夹层中注入液氮。人们崇敬地看着工作人员把教授送进地下室，他的家人默默地祈祷，将来有一天科学家攻克了不治之症，教授将再活过来。现在，美国几大著名的医学研究所里，已冷冻着数十具男女志愿者的躯体。这些志愿者都在等待医疗技术的发展，开创生命科学研究的奇迹。

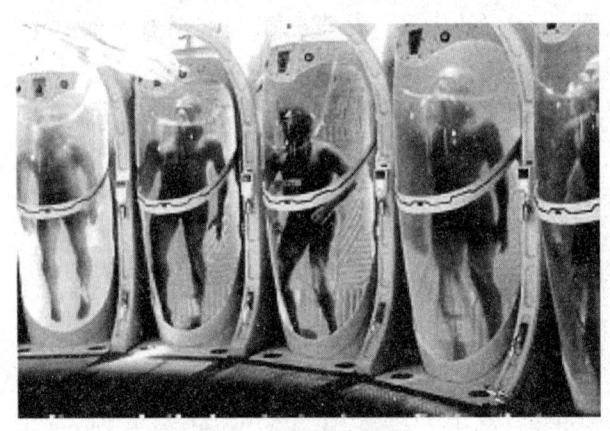

冷冻人体的实验

冷冻人体的实验能否成功，许多专家表示怀疑。他们的理由是：人是特别复杂的有机体，细胞的构型很多。不同类型的细胞降温和复温的条件都不相同，现在的冷冻技术很难达到这一要求。冷藏人体，先得抽去病人的血液，注入抗冻剂，不同的组织要用不同的抗冻剂。至目前为止，还没有研制出通用的抗冻剂，现在这样的冷冻，在科学上很难解释得通。防止细胞低温损伤的关键，是排除细胞中冰晶的伤害，目前也没有研究出消除冰晶产生的方法。另外，大脑对低温十分敏感，怎样保护大脑，使其在冷冻和复温中不受伤害，也是一大难题。

人类记忆之谜

夜深人静，教室里亮起点点灯光，学生们正在挑灯夜读。然而，在迈向知识殿堂的道路上，更需要科学的学习方法，需要良好的记忆能力。

学习是知识积累的过程，记忆则是学习的第一关卡。三国时的张松过目不忘，把曹操的《孟德新书》一气背诵；俄罗斯体育记者萨洛马欣，掌握38

种语言，能用 8 种语言同人交谈。这些记忆奇才多么令人羡慕！

人的大脑有 140 亿个神经元（神经细胞），能贮存 10 ~ 15 比特信息，从理论上讲，人脑可以把全世界图书馆的知识信息全部装入。但是，由于种种原因，人的记忆能力远未达到最优值，大部分青少年的记忆力平平。生理学家一直想搞清记忆的秘密，可至今记忆的生理机制仍是一个谜。

人脑聚积信息现象是有细胞的物质基础的。经过长期的研究探索，科学家对记忆的生理已有一定的认识。一般认为，短时记忆是感受器生物电传导到脑细胞，转变为"跨膜电位"，再经 G 蛋白放大，转化成记忆分子，一般保持时间为 1 ~ 2 秒至 1 ~ 3 分钟。长时记忆则与脑中的电化学反应有关。人脑中有一种叫乙酰胆碱的化合物，是长时记忆的基本物质。经过一系列脑激素的催化，以及神经生长因子的作用，神经突触长出"小芽"，芽中包含着记忆的信息，许多小芽不断地发育生长组织成网，大量的信息就积聚其间。

对上述的记忆机制，脑科学家已找到了不少证据。他们分离到一种叫加压素的多肽分子，它就是脑中能有效提高记忆的物质。如果每天给 50 ~ 60 岁的人鼻孔里喷加压素，3 天后他们的注意力和记忆力就明显提高。若给因车祸大脑受伤失去记忆的人喷加压素，2 周后记忆可以部分恢复。科学家还发现一种能增强记忆的化学物质 CCK - 8，如果没有它，加压素就不起作用。

人类的生命活动皆由基因控制，记忆也不例外。科学家已定位了一种记忆基因，它编码了含钙的一种激酶，能催化记忆物质的生长。据科学家估计，控制记忆和存贮的基因不下 2 万种，若定位了一种基因，只是了解了记忆红箱秘密的九牛一毛。

记忆是精神的，又是物质的，弄清记忆的物质性，搞清它的生理过程，是有一定难度的课题，科学家们已接触秘密的边缘。要深入记忆的中心，弄清它的来龙去脉，仍需要科学界不断地探索。

记忆的生理结构像云雾中的庐山，难识真面目，但对记忆成功的心理因素，科学家却研究得比较透彻。这是因为记忆的好坏可以客观测试，也可以通过各种实验，找出记忆的最佳条件。总结国内外思维科学研究的成果，心理学家认为要产生良好的记忆，记得牢固长久，必须具备以下的心理条件：

（1）要有明确的记忆目标。优良的记忆是自主的认知活动，你要记住一项知识，目标愈明确愈具体，记忆的效果就愈上乘。有经验的语文老师在要求学生背诵诗词、美文时，总要规定背诵的时间和质量，在通常的情况下，

学生一般都能达到，这就是运用了目标原理。如果再加上竞争条件或分数激励，效果则更佳。心理实验证明，没有明确的记忆目标，不规定具体的任务，即使反复阅读，记住的东西也不会多。目标是记忆的马达，是记忆保持的黏合剂。

（2）要集中注意力。《弈秋诲弈》的故事几乎无人不晓，同时学弈，专心与不专心，效果完全不同，这是因为注意力集中，能使知识信息迅速聚焦，强烈刺激大脑皮质的兴奋点，留下深刻的印象。心理研究表明，集中注意力识记某项材料 2 遍，比马大哈地学习 10 遍，记忆效果要好得多。

（3）要有较丰富的知识贮备。一个人对物质世界的认识能力，随着知识的积累而提高，对事物的记忆能力，也因知识的丰富而加强。知识信息越多，大脑中管记忆的"芽"就越多，网络结构就完善，信息沟通也快，容易举一反三，迅速记住新学的东西，这就是学习心理学上说的知识迁移过程。例如，已经掌握了一门外语的人，要再学一门外语就能触类旁通，学习的速度要快得多。

（4）要打开思维的大门。记忆与思维是一对孪生兄弟，在识记中多动脑子想想，搞清知识的来龙去脉和前后联系，记忆效果就很出色。假如背诵 50个音节与意义不相关的字，需要读 75 次方能背出来；而朗诵 500 个音节的一首抒情诗，8 次就能成诵。对所记忆的知识理解程度，也是优良记忆的基础，所以，我们一定要想方设法弄清需要记忆知识的意义，反对死记硬背，即使是记无意义的东西，也要设法使它变得有意义。爱因斯坦的女友对他说，我的电话是 24361 很不好记，爱因斯坦说："这有什么难记的？两打的和与 19的平方，我记住了。"这是多么巧妙的记忆！

（5）要及时复习和应用。重复是记忆之母。寺院的小和尚之所以能成本地背诵难懂的经文，就是因为天天念，365 天，从不间断。这就像用一把刀子不断地刻画木头，越刻刀痕越深，越不容易磨去。当然，这种机械地重复是不可取的，我们应该提倡多样化的巩固复习，读、说、写、做、想、游戏、竞赛等等，不拘一格。运用也是巩固记忆的良方，学打太极拳，只记住书本上的一招一式，或看几遍录像是不行的，必须动手动脚，跟着教练学，实践的次数多了，太极拳的套路方能牢记脑中，打起来才会得心应手。

"工欲善其事，必先利其器。"说的是工具的重要性。对于记忆来说，科学的方法就是利器，掌握了科学的记忆方法，就能做到事半功倍。

（1）协同记忆：人脑接收的信息，来自眼、耳、鼻、舌、身五种官能，脑对这五种器官信息的吸收率分别为83%、11%、3.5%、1%和1.5%。视觉记忆的3天保持率为40%，听觉记忆的3天保持率为15%，视听并用的3天保持率则可达75%，如果5种器官协同用于记忆，更能优势互补，提高记忆效率。学习外语的人都有这样的体会，记忆单词，看、读、写、听并用，比单单阅读记起来要快得多。

（2）趣味记忆：兴趣是最好的老师。我们都有这样的经验，对感兴趣的科学知识、故事、影视、文字等很容易记住。据心理学家统计，对不感兴趣的内容，20分钟忘记40%，2天后忘记66%，1个月后79%丢进爪哇国。而对感兴趣的知识，长期记忆保持率可达90%以上，有的能终生不忘。所以，使学习的东西变得生动有趣，变着法儿提高学习的兴趣，在轻松愉快的环境里游戏，在生动活泼的氛围里学习，是提高记忆效率的好办法。

（3）集中记忆：记忆外语单词、理化公式、科学定律等，可以集中一段时间熟记，只要目标明确，心理准备充分，记忆效果就相当好。但是带有强制赶任务性质的记忆，就容易遗忘，可以在记牢的情况下，隔一段时间再进行复习，以弥补不足。

（4）分类记忆：知识有系统性，也有板块性。按记忆对象的性质、内容、特征进行分类，使知识系统化、条理化、块状化，再进行记忆，就能提高记忆效率，容易保持。如学习英语单词，把父、母、姐、妹、兄、弟、姑、姨、子、女放在一起，把四季、方位、颜色等归类，记起来不但有趣，而且高效。

（5）联合记忆：利用知识的系统性，对知识点、重点、难点、典型题进行梳理式记忆，也是一种很好的记忆方法。例如，学完初中物理力学，对力的概念、力的合成分解、力的平衡等主要知识点、定律、公式、有关实验进行复习，紧闭双眼回忆，睡觉前过一次"电影"，起身后再想一遍，就是一种不错的记忆方法。

（6）练习记忆：理科课程中的许多公式定理，均可以化为具体的算式运算，这既是理解公式定理的需要，也是思维训练的需要。在记忆这些知识时，可选典型习题做练习，在演算推导过程中体会知识原理，这比死记硬背公式定理效果要好许多倍。

（7）联想记忆：知识是相互联系的，不但理科知识有联系，文科与理科知识之间还有交叉联系，因此运用联想是一种省时高效的记忆方法。一提到

某人的姓名，就记起他的音容笑貌，这叫接近联想。复习"book"想起"bookcase"、"bookish"、"booklet"等等，这叫类比联想。看到凶恶的坏人，想起父母的慈祥；学到伟人的品格，忆起碌碌小人，这叫对比联想。

（8）规律记忆：知识，无论是科学知识还是人文知识，都是有序的集合，都有自身的规律性，掌握了知识的规律性，记忆起来就十分方便。例如欧姆定律的公式 $I = U/R$，知道了电流 I 与电压 U 的关系成正比，与电阻 R 成反比，就容易记住了。

（9）歌诀记忆：根据某些材料的性质和特点，编成歌诀或顺口溜用于吟唱，也是记忆的一种好方法。例如 24 节气的顺口溜："春雨惊分清明谷，夏满芒至小大暑，秋暑露分寒霜降，冬雪雪冬小大寒。"背上几遍就记住了，而且始终不忘。

（10）笔记记忆：俗话说好记性不如赖笔头。记学习笔记不失为一种帮助记忆的好办法。记笔记的好处是，通过记录整理，大脑有较深的印象，即使忘了还能翻阅查找，十分方便，阅读起来有曾似相识的感觉，能迅速引起回忆。笔记采取提纲、札记、批注、分类摘要、知识卡片等形式。特别是分类摘要，可据目录条目查找，省时快速。把知识摘要分类存入电脑，也是很好的办法。电脑存贮，一只硬盘可以代替几百本笔记本，查找起来十分方便。

科学的学习方法是人类学习经验的总结，用它来掌握学习，指导学习，就能走出愚勤低效的困境，走进高效率记忆的殿堂。

探索人生命的极限

科学研究证明，人类生命不仅有极限，而且还有客观的规律可循。人类的身体具有很强的生命力，大自然给予人的生命是很长的。人类生命的极限是多少？几千年来，人类不断地在探索这个看似简单却很深奥的问题。

在哺乳动物中，生命最长的应该是人。然而人的生命到底有多长？至今尚无明确的定论。据基督教《圣经·创世记》第五章、第九章记载：亚当活930岁，亚当的儿子塞特活912岁，塞特的儿子以挪士活905岁，以挪士兵的儿子该男活910岁，该亚的儿子玛勒列活895岁，玛勒列的儿子雅列活962岁，雅列的儿子以诺活365岁，以诺的儿子玛士撒拉活969岁，玛士撒拉的儿子拉麦活 777 岁, 拉麦的儿子挪亚活 950 岁。

科学家对圣经的记载无法进行确认, 理由是这些长寿者的生日没有文字记录, 有关他们年龄的材料都来源于宗教。但是, 在很多社会历史与科学论著中却不乏生命能活到 100~200 岁的长寿者的记载, 这种记载未被科学家所怀疑。

大家都知道, 狗的生长期是 1~2 年, 狗的生命可活 15~20 年。马的生长期是 3~4 年, 马的生命可活 30~40 年。人的生长期是 20~25 年, 人的生命理应活到 200~250 年。

非常遗憾, 在当今社会, 很少有人能活到 200 年以上。为什么人的生命还没活到 200 年以上就结束了? 那是因为人生了病。有的人活了 100 岁, 在我们看来已经是一位老寿星, 老寿星如果没有活到 200 岁以上就死了, 那可不是因为生理性衰老导致自然死亡, 他的身体一定是因为某些病变导致非自然性的早死。所以我们经常会在高寿者死亡讣告上, 看到 "因病逝世" 这几个字。

既然人类的生命极限远不止 100 岁, 人类的生命就有潜力可挖。如何挖掘生命的潜力, 如何延缓人的衰老, 让青春永驻, 将人的寿命延伸到生命的极限? 几千年来, 人们总在苦思冥想着这个问题。古希腊哲学家和科学家亚里士多德 (公元前 384—322 年), 在他的《论青春与老化》一文中指出: "机体的老化, 是每一个生物体从它所产生的那一天起, 所具有的先天热量不断消耗的结果。" 比他早 100 多年的古希腊杰出医生和自然科学家希波革拉第 (公元前 460—377 年), 也认为人的衰老是先天热量消耗所致。在这种理论基础上, 各国的科学家产生了 "生命能"、"生命激素" 等概念。

从古希腊哲学著作中, 我们可以看到妖女美提亚用她独出心裁的返老还童法, 让一批老人变成了青年, 她使用的方法是把老人切成肉块, 放在大锅里用魔草烧煮, 这方法只有妖女美提亚敢用。罗马教皇英诺森三世 (1160—1216 年) 的父亲特拉西蒙伯爵, 相信血液能延长人的生命, 他为了让自己能保持青春, 每顿饭要喝 3 个小孩子的血。匈牙利伯爵夫人巴托尔克, 对血液能延年益寿也深信不疑, 她洗澡时用的都是斯洛伐克女奴们的鲜血。

1889 年 6 月 1 日, 法国巴黎科学协会通过了一项轰动全世界的科学报告, 法国著名生理学家和神经病理学家布朗—塞卡尔 (1817—1894 年) 宣布: "他从 70 岁开始感到自己体力不支, 经过长期实验他终于找到一种能使人重

新焕发青春的方法。6 年来他坚持把活狗和活兔的睾丸提取物注入自己的体内，结果感到自己年轻了 30 岁，不但恢复了生理功能，而且增强了体力。"

老　鼠

20 世纪初，奥地利外科医生叶·施泰纳赫在老鼠身上进行了一项科学实验。他把小雄鼠的睾丸移植到老雄鼠的身上，老雄鼠焕发了青春，它的毛不仅变厚了，而且有了光泽，喜欢与小老鼠打闹，还会讨好小雌鼠，它的性功能又有了活力。1919 年，有个叫沃罗诺夫的外科医生把雄性猩猩、绵羊的睾丸移植到男人身上，产生使人复壮的作用，这种手术受到人们普遍的关注。

许多科学家都赞成这样的观点，人的生命长短，除了与遗传、饮食卫生、外界环境、生活方式等有关外，与大脑的发达程度更是密切相关，大脑越发达，人的生命力越强，就越能向生命的极限靠近。

一般而言，人类从 6 岁开始，大脑的重量就迅速增加。到了 10 岁，增加的速度有所减慢。到了 20 岁，增加的速度明显减慢。到了 30 岁，大脑的重量维持一段不增不减的过程后，开始逐渐减少。男人的大脑，在 20~25 岁的时候，平均约重 1383 克。在 50~60 岁的时候，平均约重 1341 克。在 80~90 岁的时候，平均约重 1281 克。由此可见，人类生命力最旺盛的时期，也是大脑重量最重的时期；大脑重量最轻的时期，也是生命力最衰弱的时期。

生命是一门科学，人类关于生命的研究，几千年来从未停止过。人类生命的极限究竟是多少？德国医学科学家古费兰德（1762—1836 年）和瑞士自然科学家加勒尔（1708—1777 年）等科学家都认为，人类的生命极限可以达到 200 岁。

寻找再生的基因程序

在山沟小溪的石块下，人们常常能找到一种体长1～1.5厘米的小虫。它身体柔软，背腹扁平，灰褐的体色同泥土一致，要不是仔细观察它是很难被发现的。从生物学课本中知道，它叫涡虫，是扁形动物的代表。当你取出一条涡虫放在玻璃板上展平，用小刀将它分割成许多小段，再放进盛有清洁河水的烧杯中，将烧杯置于阴凉处放1～2周，你就会发现每一小段都变成了一条小涡虫！真有意思，小小涡虫还有分身术呢！涡虫的这种分身本领，在生物学上叫"再生"。再生有2种类型：①生理性再生，如鸟类在冬季来临之前换羽、人类毛发脱落再生新发、红细胞的新老更

蚯蚓断为两截能复原

换等，这是一类正常的新陈代谢活动。②补偿性再生，如伤口的长平、骨折的愈合、树桩上长出新枝等等，这属于修复性再生。

在大自然中，一条蚯蚓切为两截，要不了多久，每一截又长成一条完整的蚯蚓；横行霸道的螃蟹折断了螯肢，过不了几天，一只小小的螯肢就从断处冒出来；在旱地里奔爬的蜥蜴被你踩着了尾巴，它会果断地"甩"掉尾巴，逃之夭夭，隔不了多久，一条新尾巴又在断处长出来；生活在浅海底的海参更是奇特，当它被鱼捉住时，体壁的环状肌立即反射性地收缩，将肚肠"吐"出来喂鱼，身体乘机逃脱，过些日子再长出新的内脏。海星是海产养殖的大敌，它们偷吃鱼虾、牡蛎，渔民恨透了这种棘皮动物，常把它们剁成小块抛入海中喂鱼。其实，这正好帮了海星的大忙，因为海星的再生能力极强，一到海里，每一小块都能长成一只海星。

蜥蜴的尾巴能再生，螃蟹的螯肢能再生，为什么人的手臂断了不能再生？脑袋掉了也不能再生呢？再生究竟是怎样发生的？这一连串的问题，引起了科学家浓厚的兴趣。有1位科学家用青蛙做实验，他把蛙的后腿切

断，在断面上测量到了微弱的电流，当残肢结疤时电流却消失了。科学家推测，可能是断腿产生的生物电，帮助了残肢的修复。他又将一只老鼠的前肢切断，人为地通上很小的电流，3天后，断肢处的皮肉和神经开始生长。这说明只要有一定的电流，高等动物也是能再生的。但是，老鼠断肢生长的结果只是结了一个肉疙瘩，并没有长成一条腿。电流为什么能刺激再生？老鼠的断肢处为什么不能长出新腿？这位科学家研究了一生，也没有找到答案。

后来，经过很多科学家的研究，发现生物电只是再生的一个条件，动物器官的再生有复杂的原因。在进行细胞外培养时，培养液中除必需的营养物质外，还要加进一些从动物组织中提取的促生长物质，不然的话，细胞就不能分裂生长。经过分析化验，科学家首先找到了一种蛋白质分子，它能加快表皮细胞的分裂生长，所以将它定名为"表皮生长因子"，在培养表皮细胞时，添加表皮生长因子，表皮细胞就长得又快又好。但对肌肉细胞、神经细胞的生长却没有帮助。经过深入的研究，科学家又找到了神经生长因子，这是一种促进神经生长的蛋白质类激素，在神经细胞的形成和生长中不可缺少。把表皮生长因子和神经生长因子放在实验狗腿的伤口上，腿伤的愈合速度立刻加快了4～5倍，在皮肤的伤口上使用，也加快了皮肤的生长。

生长因子的发现，打开了医学家们的思路，一场寻找生长因子的比赛在各国的生物工程实验室里展开了。在研究血管的形成与生长中，发现了血管生长因子；在软骨细胞的研究中，找到了骨骼生长因子；在血细胞的生成中，分离出了血细胞生长因子。生长因子是一个大家族，现在科学家已经找到了几十种生长因子，第一个发现生长因子的两位科学家科恩和蒙塔尔奇尼，因此获得了诺贝尔奖。器官的再生需要很多生长因子，它们在基因程序控制下，通力合作，才能完成再生的生理过程。例如，蜥蜴的尾巴超过了身体的长度，这个尾巴是它快速爬行的助力器，又是前进方向的控制器，但在长期的生存竞争中，蜥蜴又形成了断尾自救的功能。当一只蜥蜴与敌害遭遇并危及生命时，它就在尾根处自断，断下的尾巴仍能不停地摆动，吸引对手注意，自身就乘机逃走了。没有了尾巴对蜥蜴来说是很不方便的，蜥蜴身体里的基因就发布再生命令，在自断处产生生物电，各种生长因子基因先后启动，按固定的程序指挥合成生长因子，向断处的组织输送，让不同的细胞分裂生长，再造出一条尾巴。至于动物是如何协调各种生长因子，谁先产生，谁后产生，各自的比例是多少，又是如何调节生长的，具体的细节目前还不清楚，需要进一步研究。人们一定会想，要是人的手、足、头等，也能像蜥蜴的尾巴那样再生，那该多好啊！按科学家对生长因子的研究和科学推测，理论上说应当是可以的，但目前还办不到，因为人类对再生的机理还不很清楚。

　　生命过程是非常复杂微妙的，再生的基因程序需要努力探索。相信在科学家的努力下，人类终究会找到这些答案的！